国家地质数据库建设综合研究

张明华 刘荣梅 赵林林 等 著

科 学 出 版 社

北 京

内 容 简 介

本书研究了国家地质数据库体系框架,汇编了我国地质调查数据库建设技术标准成果,建立了地质调查数据汇聚和建库技术流程,开发了面向资源环境应用的地质本底数据"一张图"整合技术,研制了传统填图与数字填图不同格式数据库的整合方案和软件工具,探讨了多专业异构数据整合与云平台共享应用问题,调研了地质调查数据处理软件研发现状并给出了工作建议,介绍了加入 OneGeology 倡议与按国际标准发布中国 1∶100 万地质图数据及有效参与国际地学信息技术交流、实现我先进技术国际推广的情况。

研究工作在传统填图和数字填图数据整合、地质本底数据"一张图"建设、1∶100 万地质图数据国际发布、云平台国家地质数据组织与集成等方面取得创新成果和业务应用效果。可供从事地学信息技术、地质调查与科研,以及自然资源管理等领域的工作人员和大专院校师生参阅。

审图号:GS 京(2023)1808 号

图书在版编目(CIP)数据

国家地质数据库建设综合研究/张明华等著. —北京:科学出版社,2023.10

ISBN 978-7-03-076533-8

Ⅰ. ①国… Ⅱ. ①张… Ⅲ. ①地质数据-数据库-资源建设-研究-中国 Ⅳ. ①P628-39

中国国家版本馆 CIP 数据核字(2023)第 189470 号

责任编辑:王 运 张梦雪 / 责任校对:王 瑞
责任印制:赵 博 / 封面设计:图阅盛世

科 学 出 版 社 出版

北京东黄城根北街 16 号
邮政编码:100717
http://www.sciencep.com

北京中科印刷有限公司印刷

科学出版社发行 各地新华书店经销

*

2023 年 10 月第 一 版 开本:787×1092 1/16
2025 年 3 月第三次印刷 印张:12 3/4
字数:302 000

定价:**178.00 元**

(如有印装质量问题,我社负责调换)

作者名单

张明华　刘荣梅　乔计花　邓　勇
赵林林　余海龙　黄金明　任　伟
张　盛　王　尧　倪　妮　罗　鑫
潘朝霞　张　唯　花卫华　赵　佳
王树青　刘冶兵　陈安蜀　李　磊
康　庄　张　楠　王占昌　王江立
肖志坚　吴涵宇　梁　虹　张健龙
文　辉　李定平

前　　言

国家地质专业数据资源建设与社会化应用服务是国家地质调查工作的一项基本业务，也是中国地质调查局的一项重要职能。随着信息化技术的普及和大数据时代的到来，地质专业数据已经成为支撑社会发展的重要资源和战略资产。这项资产的积累和建设主要始于 20 世纪 80 年代，尤其是 1999 年中国地质调查局成立以来，得到持续加强。全面系统地开展了基础地质、矿产、水工环、海洋、能源、物探、化探、遥感、钻孔、地质资料、科研综合等十余个大类近百个地质多专业数据库的建设，完成了国家地质资料馆馆藏 13 万多档纸质地质资料的数字化，积累了海量、多元、异构的地质专业数据资源，数据量超过 1000TB，并向政府决策、行业发展和社会化应用提供了海量数据和有效服务。在区域和深部地质科学研究、矿产资源调查与评价、油气资源选区与勘查工作中，在国家重大科技专项和重大工程建设中，在国家和省区市资源规划与矿产勘查工作中，以及在国际交流与科技合作中，都发挥了重要的支撑作用，取得了显著效果和良好的社会经济效益。然而，这批随着信息技术和数据库技术的发展而分阶段建立的各类专业数据库和管理系统，存在着体系不健全、标准不统一、集成程度低、国际应用少等方面的问题，影响了国家地质数据资源的集成应用和面向政府、行业和社会服务的效率。

为此，中国地质调查局设立专门项目开展国家地质数据库建设综合研究，以研究和建立国家地质数据库体系框架，支撑横向覆盖各专业、纵向覆盖各比例尺的国家地质数据库集群建设，开展地质调查多源、海量数据组织管理、标准体系研究和国际化交流合作，以提升国家地质数据库综合管理、服务技术和国际化应用水平及能力。

本书结合该项目，对国家地质数据库建设与综合研究的成果进行了总结，分类梳理介绍国家地质数据库建设研究的创新技术及其应用。概要如下。

1. 国家地质调查数据组织技术与数据库体系框架

围绕国家地质数据库建设与应用需求，结合国家地质数据库建设的历程和现状，研究了地质调查工作按照"工程—项目—课题"形式部署和管理机制下，数据汇聚与数据库整合的技术问题，提出了基于云平台开展地质调查生产数据的汇聚、管理与应用的技术方案。总结了国家地质调查数据库建设技术标准与成果，梳理和补充完善了国家地质数据库建设框架体系。主要成果包括：

（1）国家地质数据库建设成果与体系框架；

（2）地质调查"工程—项目—课题"数据组织与集成技术框架；

（3）国家地质数据库建设主要技术标准；

（4）国家地质数据库建设工作存在的问题与建议。

2. 成矿带地质矿产成果数据集成管理软件系统

研究和开发了以成矿带为地理单元的矿产资源调查评价成果数据管理系统，解决了成矿带多专业数据标准不统一、交换困难的数据库"孤岛"问题。研发的成矿带地质调查多专业数据统一管理的软件系统，在不改动原有数据库的情况下，实现了以成矿带为单元的地质、矿产、物化探、钻探等多专业、多格式、多比例尺空间数据建库，还实现了图件资料关联建库、查询、检索、数据更新、专题制图及三维展示等功能，有效解决了我国已建地质数据库基于统一数据库系统和 MapGIS 平台的数据组织管理与使用。完成了两个省级机构和成矿带单元的应用试点与全国推广，用户包括中国地质调查局 6 个大区中心（沈阳、天津、武汉、南京、成都、西安地质调查中心）和省级数据资料管理部门、工业部门及企业、大学等单位。主要成果包括：

（1）成矿带矿产资源调查评价数据库建库指南；

（2）地质矿产调查评价成果数据管理系统软件及技术文档；

（3）成矿带地质调查与矿产勘查成果数据库。

3. 数字填图数据和传统扫描矢量化数据的转换整合技术

针对我国以往 4600 幅 1：5 万地质图回溯性建库（传统方式填图、扫描矢量化方式建库）数据与 2000 年以后部署的 4000 余幅按照数字填图技术形成的数字填图数据在格式上不一致、影响各省（区、市）和中国地质调查局 6 个大区中心统一使用的问题，研编了两种不同格式和标准的地质图数据整合与相互转化的技术解决方案，并且整合了两者使用的 MapGIS 系统库，研发推广了相应的数据转换软件。同时，研究了基于 MapGIS 平台的基础地质图数据库的通用系统库。在整合了前述两种 1：5 万填图和建库使用的 MapGIS 系统库的基础上，通过建立地质符号库相似性识别关系模型，利用符号相似性识别软件工具，建立了不同系统库之间的相似性关系表，从而整合了 1：20 万地质图和 1：20 万水文地质图的系统库，解决了困扰多年的基础比例尺专业地质图统一符号库和系统库的问题，也为中大比例尺地质图数据整合和数据库管理与应用奠定了基础。主要成果包括：

（1）传统填图和数字填图数据库的数据整合技术方案（包括图库转换模型）；

（2）传统填图与数字填图数据库数据转换软件 GeoModel 及技术文档；

（3）基于不同数据源的目标系统库，以传统填图建库采用的系统库为基础的目标系统库 1 和以数字填图建库采用的系统库为基础的目标系统库 2。

4. 面向资源环境应用的地质本底数据"一张图"技术与软件工具

围绕水、土地、矿产、能源、气候、森林、草地、海洋等多种资源环境数据管理应用对作为本底数据的地质专业数据的需求，按照基础地质要素进行数据分类分层，研究面向资源环境应用的地质本底数据模型，梳理分析已有地质专业数据及相关行业数据，基于 1：50 万～1：5 万尺度的基础地质和水文地质调查数据，研发了地质本底数据分类、要素和对象抽取、属性清理、代码转换与图形图像规范化整理技术，建立了分类清晰、结构合理、内容完整、属性标准、图件表达一体化的中国地质本底数据集，并研发了基于 PostgreSQL 的多门类、多尺度地质本底数据整理辅助工具和空间数据自动化生成图例与图饰的软件工具。主要成果包括：

（1）面向资源环境应用的地质本底数据整合方案；

（2）融合1∶5万、1∶20万、1∶25万、1∶50万地质图、矿产地、地质灾害、水文地质数据的我国地层、侵入岩、沉积岩、变质岩、火山岩、构造变形带、断层、岩脉8种地质要素本底数据集。

5. 采用国际标准技术向全球发布中国1∶100万地质图数据

高效完成中国参与的国际OneGeology计划，采用其发布地质数据使用的数据标准和相关技术，完成了中国1∶100万地质图数据整理与上线发布，解决了"全球地质一张图"长期缺乏中国地质数据的问题，实现了中国地质图数据的正式国际化发布。主要成果包括：

（1）中国1∶100万地质图空间数据集（英文版）；

（2）基于OneGeology网站的中国1∶100万地质图数据（中英文版）发布；

（3）OneGeologyChina地图发布系统。

6. 地质调查数据处理软件研发现状调研

调研总结了我国地质调查数据处理软件研发和商业软件使用现状，分述了中国地质调查局系统90余套专业数据处理软件的研发历程、功能效用及应用现状，提出了针对我国地质调查软件研发工作的建议。

7. 深度参与国际地学信息技术交流与合作

调研国际地学信息技术发展现状，加入国际地质科学联合会（International Union of Geological Sciences，IUGS）地学信息技术应用与管理委员会（The Commission for the Management and Application of Geoscience Information，CGI），实现我国先进地学信息技术和国际合作成果有组织地面向世界发布。牵头组建国际大科学计划"深时数字地球"（Deep-time Digital Earth，DDE）标准任务组。成功申报和组织举办东亚东南亚地学计划协调委员会（Coordinating Committee for Geoscience Programmes in East and Southeast Asia，CCOP）地质数据综合处理能力建设项目培训班，推广了中国技术和软件，受到CCOP国家称赞。主要成果包括：

（1）中国地学信息工作及成果按期编入IUGS CGI年度报告；

（2）中国专家担任IUGS CGI委员会重要职位；

（3）中国专家牵头组建DDE标准任务组，并取得重要工作进展；

（4）中国牵头完成多期次CGS-CCOP地学数据处理能力建设技术培训；

（5）CGS-CCOP项目合作成果纳入CCOP组织50周年庆典成果集。

对照国家地质数据资源建设和信息技术应用现状，可将本研究取得的"以往没有、工作急需、解决实际问题，且具有明显经济社会效益"的创新成果归纳如下：

（1）1∶5万传统填图和数字填图数据库数据整合技术及软件工具；

（2）地质矿产调查数据统一管理技术与系统软件；

（3）通过OneGeology实现中国1∶100万地质图数据（英文版）国际共享发布；

（4）基于云平台的地质调查分级数据组织与集成技术框架；

（5）面向资源环境多领域应用的地质本底数据"一张图"整合技术与系统工具。

本书引用的资料和数据主要来源于国家地质调查专项"国家地质数据库建设综合研究"项目和"资源环境地质调查数据集成与综合分析"项目（国家地质数据库建设综合研究项目成果报告，2016；资源环境地质调查数据集成与综合分析项目成果报告，2019）。作者是项目的主要负责人和技术骨干。第一章由张明华、刘荣梅编写；第二章由余海龙、黄金明、张明华编写；第三章由邓勇、刘荣梅、赵林林编写；第四章由乔计花、张明华、邓勇编写；第五章由赵林林、刘荣梅、邓勇编写；第六章由张明华、余海龙编写；第七章由刘荣梅、张明华编写；第八章由张明华编写；全书由张明华统稿。参加本书研究工作与编写的还有任伟、张盛、王尧、倪妮、罗鑫、张唯、潘朝霞、文辉、李定平、赵佳、王树青、刘冶兵、陈安蜀、李磊、康庄、张楠、王占昌、王江立、肖志坚、吴涵宇、梁虹、张健龙、花卫华等。

研究工作得到了中国地质调查局总工程师室和发展研究中心，以及信息化建设和国际合作部门的大力支持、指导和帮助，得到了李裕伟、姜作勤、其和日格、邓志奇、严光生、徐勇、施俊法、韩志军、吴登定、邢丽霞、马永正、蒋仕金、屈红刚、舒思齐、涂俊、谭永杰、李晓波、吴其斌、周俊杰、张阳明、张志、刘佳等专家和领导的指导与帮助。作者在此深表感谢！

地学信息国际交流与合作工作得到了自然资源部和原国土资源部科技与国际合作司、中国地质调查局科技外事部、CCOP 中国常任代表，以及 IUGS、CGI 组织官员、CCOP 技术秘书处和 DDE 执行委员会及秘书处等的支持与帮助。

美国缅因大学 Presque Isle 分校地质学教授王春增先生对中国 1∶100 万地质图数据的英文翻译进行了全面审校，在此致谢！

目　　录

第一章　地质调查数据组织
与数据库体系框架

数据资源是国家重要的基础性战略资源。地质数据是国家资源管理开发、地质灾害防治、国土规划整治等工作及政府管理决策不可缺少的基础性依据，也是基本国情的数据源之一，对实现经济、社会科学发展具有重要、广泛、长期的利用价值。国家地质数据库建设为我国国土资源信息化建设、国家科学数据共享平台建设、国家地质调查工作信息化建设提供了核心数据，是我国国家空间信息基础设施建设的重要组成部分（刘荣梅等，2015）。

我国开展地质数据库建设始于 20 世纪 80 年代初期，主要为储量数据库、化探数据库、重力数据库、地下水数据库建设与应用试验；从 20 世纪 90 年代开始，随着地理信息系统（geographic information system，GIS）技术的发展应用，大规模开展了国家地质数据库建设，重点包括中华人民共和国成立以来国家基础地质图、地球物理、地球化学、矿产勘查、航空遥感、钻孔、水文环境、成果资料与地学文献等国家地质数据库建设，总投资额达 8 亿元。截至 2015 年，已完成 10 类 170 余个地质专业数据库和数据集，其中包括 48 个国家级地质数据库建设（国家地质数据库建设综合研究项目成果报告，2016）。这些地质数据面向政府矿政管理、地质行业工作和社会公众提供了卓有成效的服务，充分发挥了地质科学数据资料的基础性和公益性作用，在推进自然资源管理、地球系统科学发展、矿产资源勘查、重大工程建设、防灾减灾、区域和城市规划、资源环境评价、生态文明建设、重大工程建设等方面取得了显著的经济社会效益，在国家经济建设、社会发展和保证人民生命财产安全等方面都发挥了十分重要的作用。

2013 年以后，随着国家财政体制改革和地质工作机制的转型升级，国家地质调查工作方式和项目管理机制发生了较大改变，地质数据库建设与数据生产和服务的方式也进行了相应的调整。为了适时调整国家地质数据资源建设与应用服务机制，满足地质数据服务政府和社会的迫切需要，本书的研究工作初步建立了国家地质调查数据资源组织技术与数据库体系框架。本章择主要研究内容和成果进行介绍。

第一节　国家地质数据库建设进展

我国自 20 世纪 80 年代以来，尤其 1999 年中国地质调查局成立以来，开展了大量的国家地质调查、矿产资源调查与勘查，以及地球物理、地球化学、遥感（物化遥）、水文地质、工程地质、环境地质（水工环）海洋地质等专业地质数据库的建设工作，基于不同层次的商业数据库系统、不同类型的 GIS 平台和不同规格的建库标准等技术条件，建立了 20 个专业子类、170 多个专业地质数据库和数据集，梳理结果见表 1-1，基本形成了横向覆盖地质调查各专业领域、纵向跨越各种比例尺的国家地质数据库体系。

表 1-1　国家地质数据库类别与名称表〔国家地质调查数据库体系框架（2018 年）〕

专题类别	数据类别	序号	数据库名称
1. 区域地质	区域地质调查	1	全国 1∶5 万数字地质图空间数据库
		2	全国 1∶20 万数字地质图空间数据库
		3	全国 1∶25 万数字地质图空间数据库
		4	全国地质剖面数据库
2. 基础地质	基础地质编图	5	全国 1∶50 万数字地质图空间数据库
		6	全国 1∶100 万数字地质图空间数据库
		7	全国 1∶150 万地质图数据库
		8	全国 1∶250 万数字地质图空间数据库
		9	中国 1∶400 万基础地质图件数据库
		10	中国 1∶500 万数字地质图空间数据库
		11	中华人民共和国及其毗邻海区第四纪地质图空间数据库
		12	中国岩石圈三维结构数据库
		13	中国地学大断面与深部地球物理数据库
	岩石地层	14	全国岩石地层单位数据库
		15	地层字典及岩石地层名称数据库
		16	全国岩石数据库
		17	中国岩浆岩数据库
	古生物数据	18	全国古生物数据库
		19	中国古生物地层标志化石数据库
	大地构造	20	全国 1∶150 万大地构造相图数据库
		21	全国 1∶100 万构造底图数据库
		22	中国及邻区 1∶1000 万构造底图数据库
	自然重砂	23	全国 1∶20 万自然重砂数据库
	同位素地质测年	24	全国同位素地质测年数据库
	矿物数据	25	中国矿物数据库
3. 能源地质	油气资源地质调查数据	26	油气地质调查数据库
		27	油页岩油砂资源数据库
		28	全国油气钻井数据库
		29	全球油气资源数据库
	页岩气地质调查数据	30	页岩气地质调查数据库
		31	页岩气资源评价数据库系统
		32	页岩岩心数据库

续表

专题类别	数据类别	序号	数据库名称
3. 能源地质	天然气水合物地质调查数据	33	天然气水合物调查数据库
	煤层气地质调查数据	34	全国煤层气数据库
	地热资源数据库	35	全国地热资源数据库
		36	（京津石地区）浅层地温能数据库
	煤炭资源数据	37	全国煤炭资源空间数据库
		38	特种煤数据库
		39	中国特种煤综合评价数据库
4. 矿产地质	矿产图	40	全国1∶100万矿产图空间数据库
		41	全国1∶100万成矿规律图空间数据库
	矿产资源调查	42	全国矿产地数据库
		43	中国矿产资源远景调查数据库
	矿产资源评价	44	全国主要固体矿产大中型矿山资源潜力调查数据库
		45	全国矿产资源潜力评价成果数据库
	黑色金属矿产	46	全国铁矿资源数据库
	有色金属矿产	47	全国有色金属资源数据库
	贵金属矿产	48	全国贵金属资源数据库
	非金属（建材）矿产	49	全国非金属（建材）矿产资源数据库
	三稀矿产	50	全国三稀矿产资源数据库
	钾盐资源数据	51	钾盐资源数据库
		52	盐湖能源植物资源信息库
		53	盐湖动态观测数据库
	全球地质矿产数据	54	全球地质矿产数据库
	典型矿床模型数据	55	矿床模型数据库
		56	全国典型矿床数据库
		57	矿产勘查历史数据库（矿床发现史）
	矿产资源安全数据	58	主要有色金属矿产资源安全数据库
		59	主要化工矿产资源安全数据库
		60	战略性新兴矿产资源安全数据库
		61	能源安全数据库
		62	全国重要矿产"三率"调查评价数据库
		63	全国重要矿产资源保障程度数据库
	矿产经济数据	64	社会经济数据库
		65	矿业竞争力评价数据库
		66	中国境外矿业投资信息数据库
		67	国际矿业资本市场信息数据库
		68	中国矿产资源物质流数据库

专题类别	数据类别	序号	数据库名称
	水文地质图	69	全国1∶5万水文地质图空间数据库
		70	全国1∶20万水文地质图空间数据库
		71	全国1∶50万水文地质图空间数据库
		72	中国水文地质图空间数据库（1∶400万）
		73	中国水文地质图空间数据库（1∶600万）
5. 水文地质	地下水资源	74	全国地下水信息数据库
		75	中国地下水资源数据库
		76	全国地下水动态监测数据库
		77	中国地下水资源调查评价数据库
		78	地下水水源地空间数据库
		79	严重缺水区地下水勘查数据库
6. 工程地质		80	工程地质勘查数据库
7. 环境地质	环境地质调查数据	81	全国1∶50万水工环地质图数据库
		82	全国分省1∶50万环境地质空间数据库
		83	1∶600万环境地质图空间数据库
		84	环境地质调查空间数据库
		85	1∶5万环境地质调查数据库
		86	全国矿山地质环境数据库
		87	矿山地质环境监测数据库
		88	矿山地质环境信息数据库
		89	放射性地质环境调查数据库
		90	气候变化地质数据库
		91	中国岩溶环境数据库
		92	中国岩溶洞穴数据库
		93	中国岩溶数据库
	地质遗迹与地质公园数据	94	中国地质公园数据库
		95	地质遗迹调查数据库
8. 地质灾害	地质灾害调查数据	96	地质灾害调查监测数据库
		97	地面沉降与地裂缝调查与监测数据库
		98	1∶600万灾害地质图空间数据库
		99	全国地面沉降监测数据库
		100	岩溶塌陷调查数据库
		101	地壳稳定性空间数据库
9. 海洋地质	海洋区域地质调查数据	102	1∶25万海洋区域地质调查数据库
		103	1∶100万海洋区域地质调查数据库

续表

专题类别	数据类别	序号	数据库名称
9. 海洋地质	海洋地形地貌调查数据	104	海洋地形地貌调查数据库
	海洋构造地质调查数据	105	海洋构造地质调查数据库
	海洋矿产地质调查数据	106	海洋固体矿产数据库
	海洋油气地质调查数据	107	海洋油气资源调查与评价数据库
	海洋天然气水合物地质调查数据	108	我国海域天然气水合物资源勘探开发数据库
	海洋环境地质调查数据（海岸带地质调查）	109	海洋环境地质调查数据库
	海洋灾害地质调查数据	110	海洋灾害地质调查数据库
	海洋地球化学调查数据	111	海洋地球化学调查数据库
	海洋重力调查数据	112	海洋重力调查数据库
	海洋磁力调查数据	113	海洋磁力调查数据库
	海洋地震调查数据库	114	海洋地震调查数据库
	海洋钻孔调查数据	115	海洋钻孔调查数据库
10. 城市地质		116	1：5万重点城市及经济开发区水工环综合地质空间数据库
		117	城市地质调查数据库
11. 地球物理	区域重力数据	118	全国区域重力数据库
	航空重力数据	119	全国航空重力调查数据库
	电法勘查数据	120	全国电法勘探数据库
	航空电法勘查	121	全国航空电磁数据库
	地面磁测数据	122	全国地面磁测数据库
		123	全国航空磁测数据库
	航空磁测数据	124	全国航空磁测数据库
	放射性测量数据	125	全国放射性测量数据库
	航空放射性数据	126	全国航空放射性数据库
	测井数据	127	全国地质地球物理测井数据库
	岩石物性数据	128	全国岩石物性数据库
12. 地球化学	区域地球化学数据	129	全国1：20万区域地球化学数据库
		130	全国1：5万区域地球化学数据库
	多目标区域地球化学调查数据	131	全国1：25万多目标区域地球化学调查数据库
	土地质量地球化学调查评价数据	132	全国土地质量地球化学调查评价数据库
	地球化学基准值数据（土壤）	133	全国土壤生态地球化学基准值数据库
	地球化学样品数据	134	全国地球化学样品数据库（土壤、岩石、水系沉积物等）
	地球化学标准物质数据	135	全国地球化学标准物质数据库（土壤、水系沉积物等）
	同位素地球化学	136	中国同位素地球化学数据库

续表

专题类别	数据类别	序号	数据库名称
13. 遥感	航空遥感	137	全国航空遥感影像数据库
	航天（卫星）遥感	138	全国卫星遥感影像数据
		139	中国资源卫星资料数据库
	光谱数据	140	中国红外线光谱数据库
14. 实物钻孔	地质钻孔数据	141	全国地质钻孔信息数据库
		142	重要地质钻孔数据库
		143	工程地质钻探数据库
	实物地质资料数据	144	实物地质资料数据库
		145	全国实物地质资料目录数据库
	钻探钻孔岩心扫描数据	146	钻孔岩心扫描图像数据库
		147	中国大陆科学钻探钻孔岩心扫描图像库
15. 地质资料	地质资料数据	148	地质资料目录数据库
		149	全国图文地质资料数据库
		150	原始地质资料数据库
		151	成果地质资料数据库
16. 地质文献	地质文献（中、英文）数据	152	地学文献数据库
17. 地矿管理	矿政管理	153	全国矿产资源利用现状调查数据库
		154	全国矿产资源储量核查成果数据库
		155	全国矿业权实地核查数据库
	地质工作程度	156	全国地质工作程度数据库
		157	全国地质调查工作部署数据库
	地质调查管理	158	地质调查项目数据库
		159	地质调查技术方法数据库
		160	中国地质调查局装备数据库
		161	地质勘查成果数据库
		162	地质调查项目管理基础信息动态数据库
		163	动态地质调查统计信息数据库
		164	中国地质调查局机关办公管理数据库
		165	中国地质调查局基本建设数据库
18. 地质科普		166	地质遗迹与地质公园
		167	北京旅游地质图数据库
19. 地质信息	地质信息元数据	168	全国地质信息元数据库
		169	CCOP地学信息元数据库
	三维地质建模	170	三维地质模型数据库
20. 综合其他	地质科研专项	171	深地资源专项数据库
	地质应用专题	172	国家矿产资源整装勘查成果数据库

一、积累系列化国家地质数据库海量数据，成为国家资源管理开发 与政府决策的依据

通过国家地质数据库建设抢救和积累的海量地质数据，汇集了我国基础地质行业第一手的地质调查资料、矿产资源潜力评价资料、矿业权分布资料、图文地质资料、海洋地质资料、海洋环境与能源资源资料等，填补了我国基础地质调查系列成果的数据资源库空白。完成了基础地质数据库系列、矿产地质数据库系列、物化遥数据库系列、水工环地质数据库系列、海洋地质数据库、岩心钻孔数据库系列、地质文献与资料数据库系列、能源矿产数据库、综合成果数据库系列、国土资源管理信息数据库系列等 10 大类 48 个国家级地质数据库建设，横向上覆盖了我国陆域、海域国土面积开展的地质调查多个专业领域，纵向上涵盖不同尺度的地质、矿产、环境等调查成果。数据内容丰富翔实、涵盖全面、数据质量可靠，数据来源专业、权威，现势性好，为在全国范围内开展基础性、公益性、战略性地质工作提供了高质量的基础数据资料，满足了工作需求。

已完成的国家地质数据资源准确、全面、权威地反映了我国基础地质信息，是国家空间信息基础设施的重要组成部分，也是国家进行宏观调控决策不可或缺的重要数据支撑。已有的地质、地球物理、地球化学、遥感和水文地质、工程地质、环境地质调查数据以及相关的经济社会发展数据，在支撑国家矿业权管理、"一带一路"沿线国家能源资源潜力评价、资源环境承载力评价、重要城市群和经济区地质环境评价、地下水资源管理、地质灾害防治、支撑土地利用等方面提供了重要的决策建议。

二、初步建立了国家地质数据库建设的标准体系

建立了数字地质图空间数据库标准、海洋地质数据库标准、油气调查数据库标准、水文地质图空间数据库标准、多目标区域地球化学调查数据库标准、矿产资源调查评价数据库建设标准、国家地质数据库建设规范、地质数据质量标准等 20 余项国家地质数据库建设标准和数据库质量控制标准，涵盖了不同专业专题的数据库建设与质量控制，确保了地质调查数据库成果的标准化和规范化。

三、建立了独特的国家地质数据库建库与管理技术体系

充分利用先进的 GIS 技术与数据库技术大规模开展国家级大型数据库建设，依托专业中心、大区中心、省级地质调查机构形成了多模式的国家地质数据库建设组织体系，建立了具有我国特色的地质数据采集、汇集、整理、建库、编图与质量监控全流程管理的独特方法技术，具有重大创新性。

初步建立了一体化的地质空间数据库管理系统，成为日常数据管理与服务的有力工具，提升了国家级地质数据库及地质资料数据的综合管理水平，保证了地质调查数据成果同时面向决策支持及社会化服务双向的、全面便捷的数据信息可持续服务利用，为地

质数字资源信息多元化服务提供支撑，推动了地质工作信息化的发展，促进了国家地质事业的发展。

通过开展系列海量地质数据库建设以及已有地质数据库集成管理，不仅在成果上为社会服务奠定了坚实的数据资源和软件系统基础，而且也为地学信息技术的发展奠定了基础。通过这些方面的技术和组织工作，建立了完备的各类数据库建设及质量控制技术规程，建立了中国地质调查局系统基础数据库更新维护技术规程，建立了地质数据共享服务技术标准，以及一系列重要的技术条件，为中国地质调查局—大区—省地调院三级地学数据库建设、数据信息共享，以及数据库更新维护管理等工作奠定了坚实的技术条件基础。

四、基本形成了国家地质数据库更新维护机制

按不同数据来源建立了数据库更新维护机制，疏通了已建各类重要基础地质数据库补充更新渠道，保证了数据库的现势性和有效运行。及时、准确地补充更新了中国地质调查局已建各类基础地质数据库，保证数据库稳定运行。创新数据管理方式和手段，提高数据管理和维护水平，对公益性地质数据进行综合、整理和二次开发，为地质数据多元化服务提供基础数据支撑。通过数据库更新与维护解决了数据库存在的数据不完整问题，保证了地质调查数据的质量。

五、培养了一批地学信息技术人才，为地质调查信息化储备了力量

在地质调查主流程信息化与国家地质数据库建设过程中，培养了一大批国家、大区及省级地学数据库建设、更新维护及共享服务平台建设方面的技术与管理人才，他们成为目前地质调查数据采集、处理、管理、应用与服务共享领域的主力军。

六、广泛应用于地质、环境、交通、水利、工程实施及日常科研管理工作

国家系列基础地质数据库成果已在全国地质、矿产、交通、铁道、石油、农业、水利、地震、环境等领域广泛应用。同时也得到了大量应用反馈，对已建各类数据库的需求量日益增加，由此提出了大量新建数据库的建议。

基于动态获取的环境监测数据成功地服务于三峡库区地质灾害防治、预测预警，为"5·12"汶川地震灾区地质灾害应急地质调查、灾害评估、灾后重建规划和后期灾害防治提供了重要的决策依据。

完成的国家系列基础地质数据库成果在全国矿产资源潜力评价工作中得到广泛应用，其中，1∶25万和1∶5万地质图、地质资料数字化成果及更新的地球物理、地球化学等数据库成果，为制订的国家和地方矿产规划等都提供了大量和有力的数据支撑，其经济和社会效益巨大（刘荣梅等，2012；Zhang et al.，2011；熊盛青等，2018）。

青藏高原地区及大兴安岭空白区的地质图、地球物理、地球化学数据库及更新成果、图文资料数据化成果,以及基于此的数据资料服务,为青藏高原的诸多大型铜金多金属矿床勘查工作,提供了有力的找矿研究基础数据资料支撑;在青藏高原、大兴安岭地区和大庆外围油气资源战略选区与调查评价中,也得到了广泛及时的应用,为青藏中新生代盆地油气地质构造研究、大兴安岭晚古生代含油气地层分析,以及沉积盆地探底摸边研究等工作,提供了有力的基础地质数据支撑(张明华等,2013,2015a,2015b,2017,2018)。通过基础数据资料的应用,这些地区在找矿和找油等方面都取得了跨时代的突破性成果,其经济和社会效益是巨大的。

取得的基础地质数据成果资料,尤其是较大比例尺的专业数据成果,对我国找矿突破战略行动纲要的制订不仅起到了重要基础数据支撑作用,而且随着整装勘查区的进一步工作推进,以及后续的勘查区优化、调整、扩充,这批数据资源成果都发挥了重要的推动作用。在我国地质环境工作和地质灾害预警等工作,以及政府矿政管理和各类地质矿产及油气、页岩气等能源勘查工作中,发挥了持续的基础数据支撑作用。

另外,从期刊文章、各类项目编写设计、编写报告,以及不同层次政府和事业、企业机构编制的各类成果与部署图件来看,这批国家级数据库已经是我国国土资源管理与地学科研、生产人员工作所参照或依托的宝贵基础数据资源。例如,全国矿产地数据库已经成为我国各省区市地调、地勘机构管理工作规划的基本参照数据,也是矿业公司、国家重大专项项目与地学研究的主要参照数据;地质工作程度数据、1∶25万和1∶5万地质图数据库已经成为各省区市、各工业部门、经过网络下载小比例尺地质图数据的各类用户(国外矿业公司、地学研究人员)的工作基础资料;区域重力数据库更是地质调查与矿产勘查,包括国家矿产地质调查专项和油气专项工作各层次用户与各行业研究人员的基础数据资料;区域地球化学数据也已经成为国家专项和所有矿业部门的重要参考数据;海洋地质数据为国家海洋主权及权益维护提供科学依据,为我国一些沿海省份的地方经济建设提供基础性、专题性信息服务。

七、促进了地质科学研究模式、调查成果内容革新与技术发展

国家地质数据库海量数据的积累,促进了地质科学研究模式的发展,地质科学研究不仅是以获取知识为目的的原始性发现和基本数据产出,而且是基于海量地质数据分析进行科学判断和决策的过程。地质调查成果不再局限于传统的报告、图件,数据库已经成为重要组成部分,且通过数据库建设涵盖了报告、图件与其他形式的成果。

国家地质数据库的建设和应用与地学信息技术、数据库管理与服务技术、地学标准建设息息相关,并推动了三者的交互式发展。标准建设在地质数据生产、管理、转换、共享、应用等方面起着举足轻重的作用,统一的标准是地学数据进行协同操作的基础;信息技术极大地促进了数据的生产、处理、分析效率和数据库管理与服务能力,同时也对地学标准建设提出新的需求;标准的实施与应用、海量数据的管理与分析计算瓶颈也促进了新技术、新方法的发展。

国家地质数据库是我国空间信息基础设施建设的重要组成部分，也是国家大数据库共享体系中不可或缺的基础数据，因此，创新国家地质数据库建设模式、健全国家地质数据库体系、丰富国家地质数据库内容、构建丰富的地质数据产品、搭建协调操作的数据应用服务渠道，让地学知识能够快速、便捷、高效地为变化的地球服务是国家地质数据库建设工作的一项重要任务。

第二节　国家地质数据库标准

梳理我国地质调查数据库建设技术标准成果，尤其是前述的 10 大类 48 个主要国家级地质数据库建设采用的建库标准，对相关数据库的覆盖内容、技术标准和所含专业字段、建库历史及应用服务情况进行概要总结和认识，有益于加快推进国家地质数据资源共享，促进地质信息共享服务，加大国家地质数据信息推广力度和广度。

表 1-2 列出了地质调查数据库建设工作使用的，也是当前地质调查项目主要需求的 26 个地质数据库建设技术标准（国家地质数据库建设综合研究项目组，2017）。这是我国"十二五"及以前时期，随着国内外信息技术发展不同阶段而建立的基于不同技术手段和措施的地质数据库建设技术标准和指南。

表 1-2　国家地质数据库建设主要技术标准

编号	标准名称	版本或日期
1	1∶5 万数据库建设技术要求与实施细则	2009 年 12 月 17 日
2	数字地质图空间数据库标准	DD 2006—06
3	1∶25 万区域地质图空间数据库建库技术要求及实施细则	2007 年 12 月
4	自然重砂数据库工作指南	2001 年 6 月 1 日
5	同位素地质测年数据库建设工作指南	2001 年 6 月 1 日
6	矿产地数据库建设工作指南	2001 年 6 月 1 日
7	固体矿产勘查数据库内容与结构	2012 年 10 月
8	全球地质矿产数据库建设指南	2013 年 9 月
9	水文地质调查数据库标准（1∶50000）	2016 年 9 月 18 日
10	1∶5 万重点城市及经济区水工环数据库标准	2001 年 6 月
11	1∶50000 地质灾害详细调查信息化成果技术要求	2010 年 2 月
12	岩溶地区 1∶5 万水文地质环境地质调查数据库标准	2013 年 3 月
13	崩塌滑坡泥石流调查评价信息化成果技术要求	2016 年 2 月
14	城市地质调查数据库建设规范	2013 年 10 月
15	重要经济区城市群地质环境调查数据库建设指南（2015 版）	2016 年 1 月
16	区域重力数据库标准	DD 2010—02
17	电勘查数据库标准与字典（第一版）	2001 年 11 月
18	多目标区域地球化学调查数据库标准	DD 2010—04

续表

编号	标准名称	版本或日期
19	全国岩石物性数据库建库工作指南	2013 年 6 月
20	土地质量地球化学数据库建设技术要求（试用稿）	2015 年 8 月
21	图文地质资料扫描数字化规范	SZ1999001－2000
22	全国地质工作程度数据库工作指南	2006 年 9 月修订
23	重要地质钻孔数据库建设工作技术要求（试行）	2013 年 9 月
24	地质信息元数据标准	DD 2006—05
25	油气资源地质调查数据库建设规范	2016 年 4 月
26	海洋区域地质调查数据库数据模型（版本 2.0）	2010 年 12 月

需要指出的是，由于地质调查数据库建设标准工作的性质和管理特点，表 1-2 中所列的地质数据库建设技术标准和指南，主要是中国地质调查局颁布的标准，大多数还只是某个特定数据库的建设项目标准，因此，存在着一定的问题，尤其是标准之间存在协调和术语、字段的一致性问题。由此可以看出，国家地质数据库通用模型和面向国家大数据与不同行业应用的国家地质数据交换标准制订的必要性和紧迫性。要促进国家地质数据库建库和组织管理技术标准体系的完善，促进地质调查数据成果在全国地质、矿产、能源、交通、农业、水利、地震、环境等多领域的广泛应用，促进我国地质大数据和国家大数据的发展。面向国际的交流和应用，国家通用地质数据模型的建设和交换标准的研究，也是当务之急。

第三节　新时期地质调查数据资源需求

2013 年以来，随着国家财政体制改革、地质调查工作方式和项目管理机制的改变，国家地质调查数据库建设与数据生产和服务的方式也进行了相应的调整。以往依托国家—大区—省级地调机构承担地质调查项目工作所形成的国家（中国地质调查局发展研究中心）—大区（中国地质调查局六个大区中心）—省级（省级地调院及信息中心等）三级数据建库与更新体系，需要适应新的项目管理体系，即主要由中国地质调查局直属机构承担的"计划—工程—二级项目—课题"体系。不仅地质调查数据的生产、汇聚与建库、整合工作方式发生了较大变化，而且数据汇聚和建库人员也发生了较大变化。数据库建设由以往的单位为主，转变为以二级项目和课题为主。因此，需要及时研究和建立新的地质调查数据生产与建库模式下，国家地质数据库建设与整合的工作模式和业务体系。这是一个重大的工作转型需要，也是本项研究的重要任务之一。

一、国家地质数据库建设存在的问题

虽然多年的国家地质数据库建设成绩巨大，但随着社会经济发展需求的提高，尤其是随着自然资源管理、资源环境可持续发展与国家大数据战略需要的加大，国家地质数据库建设仍存在一些突出问题（严光生等，2015），可归纳总结如下。

（一）国家地质数据库建设与整合机制有待完善，数据库体系还未完善

目前地质数据资源积累仍存在不能很好满足社会需求的问题：

（1）地质调查工作获取的基础专业数据资源积累不及时、不系统、不全面；

（2）尚有一批宝贵的专业数据未完成或未开展数据建库；

（3）各专业或专题数据库管理分散、不同的专业数据库之间数据综合分析与互操作利用程度低下、数据更新不及时、数据库集成程度低，极大影响了各类地质数据资源应用的广度与深度，未能发挥地质数据应有的整体优势；

（4）由于存在数据库建设的标准更新不及时、数据汇交、汇集过程中质量检查环节薄弱、成果数据检查验收不严格等问题，数据质量控制较难；

（5）地质调查工作与成果信息集成工作部署安排相对独立，调查成果多分散在不同的专业调查中心，海量多元调查成果的综合集成程度各不相同，急需依托国家地质大数据建设平台，使用较为统一的标准、有效的数据质量监控技术，进行国家地质数据库整合，实现多专业调查数据横向、纵向的关联与集成；

（6）多元的投资主体（包括地方和行业基金）导致地质成果数据的保存和管理分散，为此需要尽快建立成果数据集成机制，保证国家地质调查成果数据及时得到全面利用。

（二）已建国家地质数据库急需综合集成与周期性更新

1∶5万、1∶25万区域地质图空间数据库建设基本完成；1∶50万、1∶100万区域地质图数据库完成后没有更新；矿产资源勘查领域除矿产地和大中型矿山以外，投入巨资取得的海量多专业找矿勘查数据资料尚未整理建库；成矿带矿产资源评价系列成果数据、岩石物性数据库、地质实测剖面数据库等诸多国家数据资料急需建库应用。

由于历史和技术水平，已经建立的 20 余类国家地质专业数据库在数据库字段、属性和语义上存在着诸多差异和矛盾，这些数据大多还是以"孤岛"形式单独使用，不同专业和领域之间的数据交换和集成应用工作尚未开展。

随着国家和社会对地质数据集成使用需求的加大，以及多专业综合地质调查的开展，急需创建新的地质数据综合集成模式，研究解决不同专业数据纵横交叉覆盖的高效交换、调用与综合问题；急需研究新形势下利用新一代信息技术建立高效的数据库建设和集群处理分析与利用的技术，能快速、综合、高效地为多专业地质数据服务提供支撑；急需进行省级、大区、全国三级重要地学大数据成果的集成与整合；急需研究多专业、多领域、多区域上地质调查新取得的项目数据成果在阶段性验收及最终验收时，及时汇聚与更新到国家专业地质数据库，整合成为国家地质数据资源和数据资产。

（三）国家地质数据库综合与更新机制需要完善，服务能力有待提升

（1）当前，地质数据还不能满足国家经济社会高速发展需求，而且与发达国家的服务水平还有一定差距。国土资源大调查的全面完成和地质矿产调查评价专项的实施，积累了海量的地质新资料、新成果，地学研究不断深化，开展区域性和全国性地质调查成果综合集成研究和深化已迫在眉睫，地质数据亟待更新，通过地质综合研究、集成、升华和成果转化，更好地为整个社会服务。

（2）1999 年完成的以行政区划为单元的省级 1∶50 万地质图空间数据库和 2002 年编制的我国第一张 1∶250 万数字地质图及空间数据库被广泛使用，对我国的经济建设、地质工作规划部署、地质科学研究发挥了重要作用。但资料已经显得比较陈旧，十几年来最新的 1∶5 万、1∶25 万区域地质调查及研究成果没有得到及时更新，已经不能反映当前我国地质工作程度。2010 年完成的国际分幅 1∶100 万地质图主要是依据 1999 年完成的省级 1∶50 万地质图编制的，并补充了少量的 1∶25 万区调新资料，但还不能全面反映当前最新的地质成果。因此，不同层次的地质数据亟待更新，需要进一步丰富地质图件的内容、表现形式和方法，建立国家地质数据库建设与整合工作机制，实现更广泛的成果共享。

（3）系统的、分层次的小比例尺地质数据库更新还没有形成体系，尤其是编图工作并没有形成一个良好的更新机制和系统的支撑和服务平台；而且，关于地质综合研究、综合地质数据和图件编制、重大地质问题的专题研究相对滞后于区域性地质调查工作，没有形成一个很好的配套关系，明显地影响了地质调查工作的深化，也延缓了调查成果的及时转化。如何构建一个完整的、动态的数据更新体系，培养一个地质调查与研究团队，建立全国统一的地质研究平台及针对地质调查工作的支撑平台，是一个需要解决的重要问题。

（4）地质调查所取得的海量信息资料和数据应通过系统的综合研究、集成和更新进行总结和提升。地质调查项目是按地域部署的，跨地区、跨构造域的综合研究工作一直比较薄弱，明显地影响了较大区域性和全国层面的成矿地质背景、构造格架、地质作用与成矿关系的整体认识，不利于地质调查工作的科学部署和资源勘查、环境保护等工作。因此，不同尺度的地质数据更新是当务之急。

（5）随着数据驱动和知识驱动的地质调查与地学研究工作范式的变革，国家地质数据库资源既是数据驱动的主要数据要素，也是知识驱动的重要知识源泉。建立有效的国家基础地质数据按期更新机制和面向应用的转化机制至关重要，这方面的工作应该成为国家地质工作的一个重要环节，持之以恒地开展下去。

（四）国家地质数据库应用效率低，数据综合与更新技术亟待创新

（1）我国已有的地质数据库建设数据显示出高度依赖于 GIS 系统的符号库文件，不利于数据的共享与使用，在进行地质数据更新时需要进行大量的预处理工作。

（2）我国已完成的不同层次的地质数据库，采用的数据模型与标准均以物理图层划分，即把空间关系密切的同类空间图元作为一个物理图层管理，用属性来区分它们的性质。随着计算机技术的快速发展，原来的数据模型和相关标准很难满足当今基于"网格服务"的要求。国外地质科技发展较成熟的国家纷纷采用新技术、新方法改造和建立新的数据模型和相关标准，以满足网络信息时代的社会需求。我国急需建立多专业地质数据综合应用的数据交换标准，实现基于网络的地质数据共享与互操作，以满足跨专业面

向资源环境和其他行业部门集成应用的需求（刘荣梅等，2015；USGIN，2020）。

（五）地质数据资源建设与应用复合型技术人才缺乏

近些年受经济下行及地质矿产行业投入下降的影响，既懂地质专业、又懂信息技术的年轻的复合型人才相对缺少。随着老一辈专家的退休，全国范围内出现了地质数据资源建设与应用复合型人才"断层"的现象。虽然随着当代信息技术的发展，一大批信息化专业技术人员，逐步进入地质行业并占据相当岗位，但因其缺乏地质专业知识，阻碍了地质数据资源建设和应用业务效能的持续提升。

在新的地质调查项目管理机制和数据与信息技术迅猛发展形势下，国家地质数据库建设、管理与应用工作，急需强化专业技术和数据建库管理信息技术的融合，加强地质专业数据采集、建库技术和信息化技术两方面业务交流与复合能力建设。同时，建立一个地质学科专业人员、信息技术人员、标准体系管理人员高效协同工作的机制也十分重要。

二、国家地质数据库建设需要重点加强的工作

（一）进一步完善国家地质数据库体系与统一组织管理

在中国地质调查局初步完成的国家地质数据库体系基础上，根据当前地质调查工作获取的数据内容与数据类型，制定国家地质数据库体系建设规划与地质调查数据组织管理方案，细化国家地质数据库体系内容与谱系结构，明确地质调查工作获取的最小数据集内容和数据组织方式，提出各专题国家地质数据库内容与建设方案、建库标准与技术要求、数据质量监控方法技术、数据成果组织提交方式、数据统一管理方案等内容，支撑中国地质调查局国家地质数据库建设的总体规划与部署实施，实现不同阶段、不同单位、不同项目地质调查所获取的各类地质数据、数据集、数据库的统一组织与管理，保证国家地质调查数据动态及时汇聚、有机组织管理与高效服务。

（二）研究建立国家基础地质数据模型，完善国家地质数据库建设标准体系

研究建立国家基础地质数据模型，有效解决多专业、多尺度地质调查数据整合、交换与互操作，为多学科跨领域的地质海量数据应用提供统一的数据模型。根据最新的业务需求，梳理、修订、完善已有的国家地质数据库建设标准与技术指南，完善国家地质数据库建设标准体系，规划部署新开国家地质数据库标准研究。同时，需要注重与国际标准的对接，以促进面向"一带一路"倡议的国际化中国地质数据标准体系建设与推广应用。

（三）加强地质大数据信息产品开发，鼓励"数据增值"服务

国务院发布的《促进大数据发展行动纲要》指出，大数据成为推动经济转型发展的新动力。大数据产业正在成为新的经济增长点，将对未来信息产业格局产生重要影响。

立足我国国情和现实需要，推动大数据发展和应用在未来5～10年逐步实现以下目标：2017年底前形成跨部门数据资源共享共用格局；2018年底前建成国家政府数据统一开放平台，率先在信用、交通、医疗、卫生、就业、社保、地理、文化、教育、科技、资源、农业、环境、安监、金融、质量、统计、气象、海洋、企业登记监管等重要领域实现公共数据资源合理适度向社会开放，带动社会公众开展大数据增值性、公益性开发和创新应用。

国家地质数据库在国家大数据体系中将提供资源、环境、海洋、文化、农业等领域的重要基础数据。积跬步以至千里，积小流以成江海。通过持续地开展国家地质数据库建设，将近几十年完成的分散的、独立的大量地质数据系统汇聚成数据资源体系，打造成多专业、多领域、多维次、多形式的集成信息产品，在解决重大地质环境问题、资源应用问题时提供整体的数据框架体系支撑与服务，将极大地促进"数据增值"，使得地质数据更加深入地服务于地球科学、地球科学更加便捷地服务于人类的可持续发展。

（四）新形势下地质调查数据建库业务队伍急需加强

一方面，随着地质调查项目管理方式的变化，以往依托地质调查项目工作所形成的"国家—大区—省级"三级数据建库与更新体系的大区和省级数据建库队伍基本解体，而新形势下由地质调查局直属机构承担的"计划—工程—二级项目—课题"体系中的数据建库工作主要由项目层次的业务人员承担。数据建库人员发生了较大变化。因此，需要对新的项目机制下承担建库任务的地调二级项目和课题的绝大多数不熟悉数据库建设工作的专业人员进行建库标准和建库方法技术培训。这项工作急需统一组织开展，以便跟上已经部署和开展数据生产工作的二级项目的业务进度。

另一方面，随着信息技术和数据技术的发展，基于物联网、大数据的云平台建设与应用，以及对接国家大数据工作计划，是今后一个时期国家地质调查数据汇聚、建库和服务的主要技术手段。地质调查项目数据的汇聚和管理，也将依托云平台进行。因此，新形势下国家地质数据建库与汇聚、整合管理的业务人员，需要及时学习和掌握新的数据信息技术，并加以运用，也急需接受技术培训。

第四节　地质调查数据组织系统研究

一、地质调查工程—项目—课题数据组织系统研究

顺应地质调查项目组织管理方式变化和大数据、云平台应用的信息技术新方式的要求，地质调查工程—项目—课题数据组织的模式和机制也需要调整，需要建立基于大数据的统一组织和管理与共享服务的模式和机制，本书称其为基于地质大数据的地质调查数据组织与管理。地质调查工程—项目—课题数据有效组织和管理，就是开展并做好如下三个方面的工作。

（一）地质大数据统一组织管理与共享机制研究

制定国家地质数据库体系建设规划，实现对不同工程、二级项目及课题地质调查所获取的各类地质调查数据、数据集和数据库的统一组织、整合和管理，建立地质调查多专业、分级次项目数据汇聚与数据库建设机制。

（1）在中国地质调查局已有地质数据库谱系基础上，根据九大地质调查计划 50 项工程 300 多个地质调查项目获取的数据内容与数据类型，确定国家地质大数据体系结构。编制《国家地质数据库体系规划与地质调查数据组织管理方案》，内容包括国家地质数据库体系内容与谱系结构，地质调查获取的最小数据集内容、数据组织方式，各专题国家地质数据库内容与建设方案，专题数据库建设参考的标准规范与技术指南，专题数据质量监控方法，数据成果（阶段性成果）组织提交方式，数据统一组织与整合管理方案等内容。

（2）以《国家地质数据库体系规划与地质调查数据组织管理方案》为依据，基于云平台技术，研究统一的数据采集入口，依据统一的数据集元数据标准，建立由数据集（二级项目成果数据）汇集到国家地质大数据中心（云端）的数据传输渠道，落实有效的数据质量监控方案与措施。研发基于云平台的国家地质大数据管理平台，实现对地质数据的管理、维护、更新、查询检索、集成整合、数据共享、分发等。研发推广国家地质调查数据集成应用工具软件系统，为多专业地质数据集成管理和综合服务提供技术支撑。国家地质数据库体系建设工作流程见图 1-1。

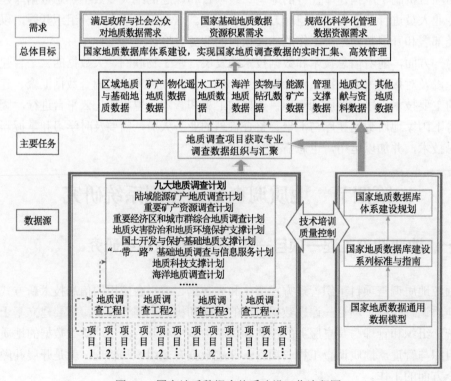

图 1-1　国家地质数据库体系建设工作流程图

（二）研发基于云平台的国家地质大数据管理系统

实现对地质调查项目数据的汇聚与管理，支撑国家地质专业数据库更新、维护、整合与集成查询检索，以及数据分析与应用；研发推广国家地质调查多专业数据集成应用工具软件，为多专业地质数据集成管理和综合服务提供软件支撑。

（1）研发基于云平台的国家地质大数据管理平台，按照"数据集中，管理分级"的原则，以两条主线对地质大数据分级管理与维护，一条主线为二级项目—工程，明确项目、工程对获取调查数据的组织、管理、整合应用等职责与权限；另一条主线按数据集生产方—国家级数据库建设承担方—专题数据集成管理与共享发布承担方分配数据组织、管理、整合集成与共享发布等权限，既保证数据集的有效管理，同时也实现专题数据的快速流动、集成更新与共享交换。

（2）研发、运行、推广地质调查多专业数据组织、汇集、发布与质量控制工具软件，覆盖从数据采集、汇聚、质量监控、管理、处理、分析、集成、综合编图、数据交换到发布服务等整个生命周期，为多专业地质数据的集成管理和综合服务提供软件支撑和技术支撑。实现地质调查工作信息和阶段性成果数据统一注册、登记、组织与实时发布，解决地质调查成果数据信息社会化服务的滞后问题。

（3）基于已有国家地质数据库标准和新研究的国家地质数据交换标准，综合研究多领域、多专业数据库属性字段的有机联系和数据交换技术，研发并运行涵盖20余类国家地质数据库的集成和综合应用软件系统，为多专业地质数据集成管理和综合服务提供技术支撑；实现国家地质多专业数据"后台网络化链接分布式数据库集群、前端平台化交换集成与应用"业务运行，解决地质调查数据信息在地调局内部和外部的共享问题。

（4）地质云平台数据集成技术支撑体系研发，更新完善国家地质数据库标准、建库指南，研究制定国家地质数据通用数据模型和数据交换标准，研发技术支撑软件，解决多源、多专业数据集成与社会化服务技术标准支撑；基于云平台，统一数据入口，依据统一的数据集元数据，建立由数据集（二级项目成果数据）汇集到国家地质大数据中心（云端）的数据传输渠道，落实有效的数据质量监控方案与措施。

（三）国家地质数据库建设与整合——推进国家地质调查数据资源汇聚和积累

开展分领域、分级次和分专业的国家地质数据库建设、集成、更新与地质数据库整合，整合我国地质数据资源，为地质数据的社会化服务提供及时、权威、高质量的数据资源保障。

（1）构建地质大数据库体系，依托地质调查业务网建立国家地质大数据中心，确保地质大数据资源有序组织。

（2）在新形势地质调查工作基础上，以已获取的地质调查资料和正在开展的地质调查工作成果为数据源，持续推进国家重要地质数据库建设、综合与动态更新，充实国家地质数据库内容。

（3）开展新获取的国家地质数据资源持续积累，以重要成矿带为重点单元，开展地质矿产调查数据库建设工作，按区域和时段依次完成全国地质调查与矿产评价中大比例尺专业数据建库，并向国家和社会公众提供服务。

（4）开展分领域、分级次和分专业的国家地质数据库成果集成与更新，保障国家地质数据服务应用的实效、权威和质量。

（5）开展国家地质数据汇聚服务、技术标准和信息技术培训指导，开展国家地质数据集成应用工具软件推广，在行业内推广地质调查数据采录、数据检查及国家地质调查数据集成应用工具软件，在全国推广地质多专业数据交换标准与软件，为相关管理部门和行业单位提供多专业数据管理与集成应用软件支撑和技术支撑，为地质调查数据的社会多行业应用提供技术支持，保障地质调查专业数据及时建库与集成应用。

二、地质调查数据组织体系内容与云平台建设研究

（一）国家地质数据库组织体系

国家地质数据库体系研究的内容，包括国家地质数据库内容、组织管理和数据采集。

1. 国家地质数据库内容

在中国地质调查局已有的地质数据库谱系基础上，根据当前地质调查项目获取的数据内容与数据类型，编制《国家地质数据库体系建设规划与地质调查数据组织管理方案（讨论稿）》，为国家地质数据库体系的构建提供基础。

根据《地质云（地质大数据）建设总体技术方案 V 7.0》（中国地质调查局 2016 年发布）的规定，国家地质数据库按照中国地质调查局基于业务网共享的数据内容，主要分为基础数据、专业数据、主题数据、业务数据四个类型。其中，基础数据、专业数据为已完成数据整理或建库的成果数据；主题数据与业务数据为正在开展的地质调查项目获取的数据，此两项数据在完成成果验收审核后，循环到基础数据或专业数据中提供共享应用。该部分数据为地质大数据的核心部分（内容数据），按照专业类别、成果表达方式等进行不同级别的分类管理，支撑不同的数据检索，此外地质大数据管理的数据内容还包括调查用户行为数据、交换数据、历史数据等。

2. 组织管理

按照数据组织流程可将地质大数据划分为三个层次：数据集、数据库和专题数据。数据集对应地质调查工作中项目成果数据，按区域和专业方法技术手段组织最小数据集，如××幅（地区）矿产资源调查成果数据，包括的最小数据集有××幅（地区）地质矿产图数据、土壤地球化学测量数据、岩性分析数据、同位素测年数据、钻孔数据、矿产地信息等数据。数据库为按全国或大区（流域）进行集成整合后形成的数据库成果，如全国 1∶5 万区域地质图空间数据库、全国陆域重力调查数据库等。专题数据是在全国数据库基础上按技术手段或分类专题进行进一步集成后的成果，如地球化学专题包括不同比例尺的全国水系沉积物、土壤、岩石、地下水、湖海悬浮物、动植物等地球化学调查数据库。国家地质数据库体系结构及专题数据分类图见图 1-2，专题数据及数据库分类表见表 1-1。

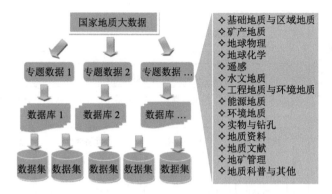

图 1-2　国家地质数据库体系结构及专题数据分类图

3. 数据采集

以地质调查二级项目为数据集采集单位，明确二级项目中地质调查获取的最小数据集内容，以地质调查业务网为渠道，基于云平台研究统一的数据入口，依据统一的数据集元数据标准，建立由数据集（二级项目成果数据）汇集到国家地质大数据中心（云端）的数据传输渠道，落实有效的数据质量监控方案与措施。

编制国家级地质数据库（专题数据）整合方案。一个国家地质专业数据库由一个工程或多个工程汇集其项目中同专业数据集后形成；后续将数据直接补充更新到全国已有的国家级数据库中。按专题对国家级地质数据库集成整合，形成国家地质大数据各专题数据，供中国地质调查局各业务端口共享应用。数据集、数据库和专题数据拟建立唯一标识的注册登记机制。

（二）基于云平台的国家地质大数据管理系统研发

研发基于云平台的国家地质大数据管理系统平台框架及原型系统，为地质大数据管理与共享提供技术支撑。基于中国地质调查局业务内网的地质数据共享流程设计见图 1-3。

1. 数据的存储与管理

建立数据存储工作机制与流程，根据数据内容设计数据存储仓库结构，制定数据接收规则、异常处理办法、数据仓库更新机制、数据库和数据表之间的同步与更新机制等。

研发基于云平台的国家地质大数据管理平台框架，按照前述的"数据集中，管理分级"的原则和两条主线管理办法，搭建国家地质大数据管理平台。国家地质大数据管理平台需搭建在数据存储层上，从数据存储层提取数据，实现对数据的管理、维护、更新、查询检索、集成整合、分发等功能。根据云端用户登录权限可分配不同的管理功能。

各专题数据管理系统搭建在云环境中，提供数据挖掘、数据分析与数据展现等功能。

2. 数据共享与交换

公共资源池内提供的基础数据、标准规范、地质大数据资源目录为无条件共享。数据共享分两个层次。数据级共享指共享的内容为数据，主要是数据的申请、提取和交换

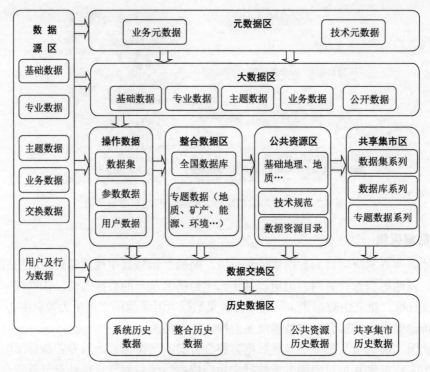

图 1-3　地质数据共享流程设计示意图

发送。在该共享平台中体现为以元数据为核心建立的地质大数据资源目录，通过数据检索提供数据查询、数据交换共享等服务。应用级共享是指从应用层面，依据用户需求提供经过数据统计分析、融合处理和科学计算等处理后的信息产品。当前阶段数据共享的主要目标是实现数据级的共享。

数据交换与共享通过云平台的业务网全面实现。资源共享策略根据不同单位、工程、项目特定需求角色来予以定义，然后加入资源分配方案中。不是为某个部门或项目单独分配静态资源，而是通过动态共享整个基础架构，从而为用户提供有保障的数据资源。

三、地质调查数据库体系框架研究

中国地质调查局以我国历年完成的区域地质调查成果（地质图和报告）、矿产调查与勘查成果、海洋地质调查成果（海图、数据磁带、报告）、水工环地质调查成果、物化遥测量成果（异常图件、图像、数据和报告）、成果地质资料、地质文献出版物等为原始数据源基础，按照不同地质专业内容，开展数据库建设的梳理工作，通过研讨与整合，逐步建立了国家地质数据库集群体系框架。简述如下。

2012 年以前总结的国家基础地质数据库体系框架-总体谱系如图 1-4 所示，这是一个简单的国家基础地质数据库谱系，虽然给出了我国地质调查完成的数据库成果体系，但明显存在如下问题：

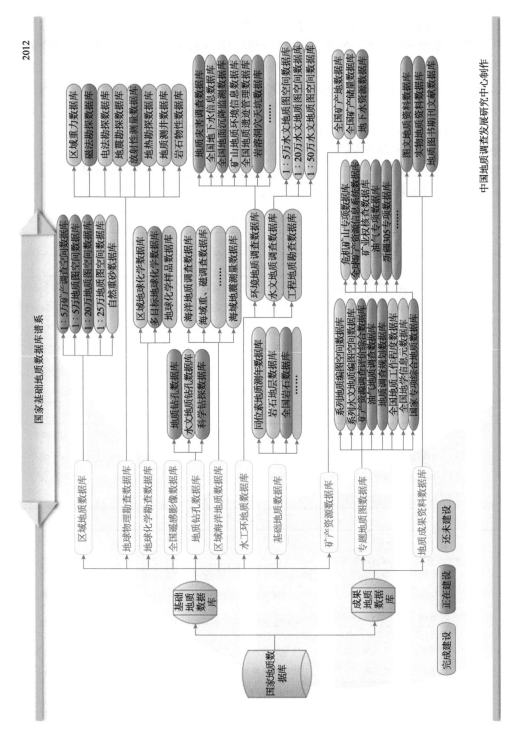

图 1-4　以往总结的国家基础地质数据库体系框架-总体谱系图（2012 年）

（1）数据库仅按照成果数据和基础数据分类，不够全面、科学；

（2）专业数据库数量没有得到全面反映。

为及时满足国家地质调查数据库建设工作的部署需求，顺应地质调查项目管理机制调整与建库机制变化的需求，便于进行地质调查数据库技术成果总结，便于与国家大数据资源对接整合利用，本书调研和梳理了我国截至 2018 年已建的地质专业数据库（集）成果，按照主体专业门类梳理了相应的专业和数据库数量，构建了国家地质调查数据库体系框架（2018 年），结果见表 1-1。该体系框架将目前国家地质专业数据库按照专业划分为 10 个大类（表 1-3）、20 个专业子类、170 余个数据库（集）。

在此基础上的调研和专家研讨，按照兼顾"数据覆盖范围、数据量和现势性、数据应用面和重要性"原则，确定了截至 2018 年中国地质调查局完成的国家级地质数据库为 10 类 48 个，总数据量为 470.5TB，见表 1-3。

表 1-3　国家级地质数据库目录（2018 年）

No	数据库名称	完成单位	数据量/GB	主要负责人
一、基础地质数据库			
1	全国 1∶5 万数字地质图空间数据库	中国地质调查局发展研究中心	3000	刘荣梅等
2	全国 1∶20 万地质图空间数据库	中国地质调查局发展研究中心	90	李晨阳 杨东来
3	全国 1∶25 万地质图空间数据库	中国地质调查局发展研究中心	60	张振芳 张明华
4	全国 1∶20 万自然重砂数据库	中国地质调查局发展研究中心	1	李景朝
5	全国同位素地质测年数据库	中国地质调查局发展研究中心	1	李景朝
6	全国岩石地层单位数据库	中国地质调查局发展研究中心	0.2	其和日格 李超岭
二、区域地质数据库			
7	全国 1∶50 万地质图空间数据库	中国地质调查局发展研究中心	1	叶天竺
8	全国 1∶100 万地质图空间数据库	中国地质调查局发展研究中心	2	丁孝忠
9	全国 1∶250 万地质图空间数据库	中国地质调查局发展研究中心	0.4	叶天竺 李龙
10	全国 1∶500 万地质图空间数据库	中国地质科学院	0.1	
三、矿产地质数据库			
11	全国矿产地数据库	中国地质调查局发展研究中心	2	李晨阳 王成锡
12	全国矿产资源利用现状调查矿区资源储量核查成果数据库	中国地质科学院	1000	王安建
13	矿产资源远景调查数据库	地调局发展研究中心	1000	吕志成 李超岭
14	全国主要固体矿产大中型矿山资源潜力调查数据库	中国地质调查局发展研究中心	1000	吕志成
15	全国矿产资源潜力评价成果数据库	中国地质调查局发展研究中心	6000	左群超等
16	全球地质矿产数据库	中国地质调查局发展研究中心	14000	李玉龙 王杨刚
四、能源地质数据库			
17	全国油气资源地质调查数据库	中国地质调查局油气调查中心	100	张立勤
五、物化遥数据库			
18	全国区域重力数据库	中国地质调查局发展研究中心	2	张明华 王成锡

续表

No	数据库名称	完成单位	数据量/GB	主要负责人
19	岩石物性数据库（试点）	中国地质科学院	1	郭友钊
20	全国区域地球化学数据库	中国地质调查局发展研究中心	3	向云川　刘荣梅
21	全国多目标地球化学调查数据库	中国地质调查局发展研究中心	2	刘荣梅
22	全国航磁数据库	国土资源航空物探遥感中心	20000	薛典军　李建国
23	全国航空遥感影像数据库	国土资源航空物探遥感中心	275000	晋佩东
24	中国资源卫星资料数据库	国土资源航空物探遥感中心	900	曾朝明
六、水工环地质数据库				
25	1∶5万水文地质图空间数据库	中国地质环境监测院	50	
26	1∶20万水文地质图空间数据库	中国地质环境监测院	90	陈辉
27	1∶50万水文地质图空间数据库	中国地质环境监测院	1	
28	全国分省1∶50万环境地质数据库	中国地质环境监测院	100	
29	全国地下水信息数据库	中国地质科学院、中国地质环境监测院	2	
30	中国地下水资源数据库	中国地质科学院、中国地质环境监测院	50	
31	国家级地下水动态监测数据库	中国地质环境监测院	0.2	
32	全国地质灾害调查数据库	中国地质环境监测院	200	李媛
33	矿山地质环境监测数据库	中国地质环境监测院	120	张进德
34	中国岩溶环境数据库	中国地质科学院	50	
35	中国地质遗迹与地质公园数据库	中国地质科学院、中国地质环境监测院	0.2	
36	中国岩溶洞穴数据库	中国地质科学院	0.1	
37	城市地质调查数据库	中国地质调查局		
七、海洋地质数据库				
38	区域海洋地质数据库	青岛海洋地质研究所	103	魏合龙　戴勤奋
八、钻孔数据库				
39	全国重要地质钻孔数据库	国土资源实物地质资料中心	8200	张立海
40	中国大陆科学钻探岩心扫描图像库	中国地质科学院	100	
41	实物地质资料数据库	国土资源实物地质资料中心	600	
九、地质文献与资料数据库				
42	全国地质资料目录数据库	中国地质调查局发展研究中心	1	单昌浩　茹香兰
43	全国图文地质资料数据库	中国地质调查局发展研究中心	18000	于瑞洋
44	中国地质文献（中英文）数据库	中国地质图书馆	120000	薛山顺
十、管理支撑数据库				
45	全国矿业权核查数据库	中国地质调查局发展研究中心	700	谭永杰　王永志
46	全国地质工作程度数据库	中国地质调查局发展研究中心	0.6	叶天竺　方一平
47	全国地质信息元数据库	中国地质调查局发展研究中心	0.6	王成锡　张明华
48	全国重要矿产三率调查评价数据库	中国地质科学院郑州矿产综合利用研究所	20	

国家地质调查数据库体系框架中的数据库在 2017~2018 年中国地质调查局"地质云"建设工作的数据资源组织与共享服务中，已经得到进一步整理，并基于数据服务（data service）的形式进行了基于开放式地理信息系统协会（open GIS consortium，OGC）标准的 WMTS 和 WMS 格式的数据发布（Zhang et al.，2017），并在 2019 年和后续工作中得到逐步更新与应用。

四、国家地质调查数据库建设部署建议

显然，国家地质调查数据库体系框架（2018 年）和国家级地质数据目录（2018 年）都是对已经完成和基本建设完成的地质调查专业数据库进行的总结。对于我国地质调查工作形成的，尤其是近几年大量投入工作形成的一大批不同领域的地质调查数据，尚没有全面涵盖，如页岩气调查、深部地质调查、干热岩调查、海岸带地质调查，以及山水林田湖草综合地质调查等。地质专业数据库的建设工作也需要及时跟进部署。这批新部署数据库应包括页岩气数据库、含油气盆地数据库、大陆架盆地数据库、海洋矿产资源数据库、海岸带地质数据库、岩石数据库、岩石物性数据库、干热岩调查数据库、全国深部与地壳结构数据库。新阶段国家地质数据库建设需要加强以下几个方面的工作。

1. 强化新数据入库

第一部分是近年来地质调查项目和 2000 多个课题生产的一大批全新的地质专业数据，第二部分是服务资源环境工作的自然资源综合调查项目。第一部分数据应尽快部署汇集和入库更新工作，第二部分数据是传统地质工作没有涉及的，需要尽快制订标准，并汇聚建库。

2. 强化数据建库新模式

数据库建设工作的组织形式随地质工作和项目部署模式的改变而改变，要采用"实时汇聚与整合"与"分批分期集成更新已有数据库"的运行模式，通过强化项目管理和国家级数据资源适当集中的方式，建立机制，保障地质调查新生产数据及时建库与实时提供服务。实现地质调查成果面向社会发布利用周期的前移——地质调查数据成果"采集即服务"，或阶段成果当年服务，不再像以往等到项目结束、汇交资料之后才提供利用。

3. 强化新技术应用

基于"地质云"平台分布式数据中心网络体系和数据汇聚与发布管理系统，以及调查在线化系统，实现"边调查、边建库、边服务"全新工作流程。

4. 强化数据资源应用

（1）面向自然资源管理和资源环境规划与可持续发展的地质本底数据产品开发与提供利用，将地质数据整编和融入政府自然资源管理和资源环境规划数据体系。借此工作，同时解决回溯性建库成果与新建国家地质数据库成果的集成应用问题。

（2）面向地质调查和地学科研的跨专业综合应用，支撑数据交换与数据驱动科研工作范式变革的海量专业地质数据服务的发布。例如，整合区域地层剖面数据，建立具体

地区地层、构造空间关系，支撑基础地质对比、区域稳定性评价等问题；整合土壤质量评价地球化学数据，为经济区划、农田利用和土地开垦等提供证据；整合钻探和科学深钻数据，为大气候变化、基础地质、大陆动力学研究等提供证据。同时，借此工作开展数据资源涵盖信息及关系分析提取工作，建立数据综合知识体系和地质知识库，支持地学知识图谱建设，服务国家大数据战略与地质工作模式转变，以及地学科普应用。

（3）建设与国际化地学应用和国际标准衔接的中国地质数据资源与网络数据服务产品。一是积极参与国际地学计划，对接国际数据标准，提供中国拳头数据产品，助力开展国际地球科学合作研究；二是牵头开展"一带一路"地质调查成果共享合作，推广我国地学数据技术和标准，推进地质数据技术一体化与共同体建设，确保服务区域可持续发展。

第二章　成矿带地质矿产数据库统一管理系统

以建立国家地质矿产资源调查评价数据库统一管理系统，满足基于成矿带的矿产资源调查数据管理与制图的工作需求为目的，通过成矿带地质矿产数据库建设工作试点、示范工作，研究实现了基于统一软件平台的已建地质、矿产多专业数据库的统一管理，研究建立成矿带地质矿产数据库统一管理系统。

首先，选择新疆阿尔泰成矿带为基本单元，以地质调查和矿产资源调查评价成果及其他来源的项目成果数据为基本数据源，开展成矿带地质矿产数据库建设和试点研究工作，提出了成矿带地质矿产数据库建设方案建议。在此基础上，开发了以成矿带为地理单元的地质矿产数据库统一管理系统，实现了基于 Oracle 和分布式数据库，在不改动已有数据库和数据的条件下，对已建不同比例尺地质图数据、矿产地数据、物化探数据、遥感数据、钻探数据，以及三维地质调查数据用同一个软件系统管理，后经云南省全省和四川省攀西成矿带实际应用试点与全面测试后，完善了软件系统，并在全国进行了推广应用。

研究编制了国家成矿带地质矿产数据库建设指南、成矿带地质矿产数据库统一管理系统软件与使用说明书，以及省级和成矿带两种类型的国家地质矿产数据库管理系统应用试点报告。

第一节　成矿带地质矿产数据库建设方案

在调研新疆全区及典型成矿带地质调查和矿产资源调查、勘查、评价成果数据资料现状，以及国家矿产地数据库和地质工作程度数据库更新及功能需求基础上，研究提出了成矿带地质矿产数据库标准，制定了成矿带地质矿产数据库建设方案。

一、建库需求及建库指南调研

（一）建库需求调研

选取新疆阿尔泰成矿带作为成矿带地质矿产数据库需求调研的重点，与中国地质调查局矿产调查评价项目"阿尔泰—准噶尔北缘成矿带矿产资源调查成果集成"项目组进行了多次沟通与研讨。经过调研，了解到"计划—工程"管理人员和"项目—课题"

实施单位在以下几方面需求强烈：①1：5万区域地质矿产调查、1：5万矿产远景评价、1：5万化探调查、1：5万物探调查的工作范围和工作手段、工作区内矿产地的分布；②矿产地的工作程度，化探异常、物探异常的查证程度及矿产地、物化探异常上投入的实物工作量；③以上内容的统计数据；④数据库内容的可视化表达。

（二）建库指南调研

在多次调研与研讨建库需求的基础上，编写了《成矿带地质矿产数据库建设指南（建议稿）》。指南编写完成后，中国地质调查局西安地质调查中心（以下简称西安地调中心）召集新疆维吾尔自治区国土资源厅、新疆维吾尔自治区地质矿产开发局有关领导和矿产专家、物化探专家，就指南的专业涵盖面、专业涉及深度进行了研讨，该指南得到了与会专家的肯定。

2013年7月底在乌鲁木齐召开了"新疆重要成矿区带地质矿产成果调研暨数据库建设指南（建议稿）研讨会"，会议邀请中国地质调查局资源评价部、中国地质调查局发展研究中心、西安地调中心、新疆维吾尔自治区国土资源厅、新疆维吾尔自治区地质矿产开发局、新疆维吾尔地质调查院地质、矿产、物化探专家和全国知名地学数据库专家到会，会上调研了阿尔泰成矿带矿产资源调查项目、新疆矿产数据管理工作对成矿带地质矿产数据库建设的需求，讨论了对数据库建设指南的修改意见。地质数据库专家就建库指南的计算机实现进行了深入的技术分析和研究，提出了许多建设性意见。与会矿产专家对数据库的定位和内容给予了充分肯定，新疆厅、局有关领导和专家对数据库成果表现出极大的兴趣和高度关注，对数据库的应用系统寄予厚望。

2013年10月，西安地调中心、天津地质调查中心矿产专家、数据库专家，在北京召开指南修订研讨会，就增加指南内容、规范指南格式进行研讨，并部署了下一步工作。

成矿带地质矿产数据库从需求调研到完成指南（建议稿）编制，经过五轮研讨，实用性、适用性和可行性基本达到了预期。

二、成矿带地质矿产数据库建设指南

指南分为四章十七节，主要包括总论、数据库建设内容、图层、数据文件格式及填写说明、工作流程等内容。提出数据库成果可视化产品——矿产评价工作程度图集及矿产调查"一张图"建议方案，其中详细规定了矿产评价工作程度图集和矿产调查"一张图"的具体编制内容和方法。

（一）数据库建设内容

数据库建设内容主要包括数据库建设的范围和资料收集对象，范围包括时间范围、地域范围、资料范围和专业范围。

1. 范围

以金属矿产为主攻方向的矿产资源调查评价项目为主要数据源开展成矿带地质矿产数据库建设。时间范围要求为已完成、正在进行（包括新开的）矿产调查评价项目。地域范围要求为中华人民共和国有效管辖范围。资料范围包括项目成果报告、年度工作总结、年度设计。专业范围主要为矿产调查、矿产地和综合异常，其中矿产调查为矿产勘查、（战略性）矿产远景调查、1：5万地质矿产调查、综合异常查证；大于等于1：5万地球化学普查、大于等于1：5万地球物理普查（地面磁测、航空磁测、重力测量、激电测量）；矿产地为黑色金属、有色金属、贵金属、稀有稀土金属、放射性元素矿产地；综合异常为1：5万地球化学综合异常、1：5万地磁/航磁异常、1：5万激电异常、1：5万重力布格异常；找矿靶区。

2. 资料收集对象

资料收集对象主要有地质大调查/矿产调查评价专项、西北地质勘查中央基金部署的矿产勘查、地球化探普查、地球物理普查资料；各省中央及地方财政投入的矿产勘查、地球化探、地球物理普查资料；有色、冶金、武警黄金部队、工矿企业、民营企业相关资料。

（二）数据图层及组织

1. 图层概述

成矿带地质矿产数据库的图层，除地理地貌空间数据图层以外，主要专业数据图层是矿产资源调查评价数据图层，见表2-1。

表2-1 矿产资源调查评价数据库图层一览表

数据文件		专业分类	图层
矿产资源调查评价数据库	基本信息	矿产勘查	矿产预查图层
			矿产普查图层
			矿产详查图层
			矿产勘探图层
			矿产资源调查图层
		地球化学勘查	岩石地球化学勘查图层
			土壤地球化学勘查图层
			水系沉积物地球化学勘查图层
		地球物理勘查	地面磁法勘查图层
			地面电法勘查图层
			地面重力勘查图层
			航空磁法勘查图层
	成果信息	矿产地	贵金属矿产图层
			有色金属矿产图层
			黑色金属矿产图层

续表

数据文件	专业分类	图层
矿产资源调查评价数据库	矿产地	稀有金属矿产图层
		稀土金属矿产图层
		放射性元素矿产图层
成果信息	物化探异常	1∶5万化探综合异常图层
		1∶5万地磁/航磁异常图层
		1∶5万重力布格异常图层
		1∶5万激电异常图层
	找矿靶区	找矿靶区图层

其中数据库数据文件逻辑关系为：矿产资源调查评价数据库数据文件由基本信息属性表和成果信息表组成。基本信息属性表以项目为单位，反映项目简况、工作简况、工区坐标、完成质量及资料保存情况等内容。成果信息表包含矿产地、物化探异常和找矿靶区三部分，反映矿产调查、物化探普查工作发现的矿产地、圈定的物化探异常和找矿靶区的基本特征、推断解释及工作建议等内容。

每个基本信息属性表以 CHFCAC 为关键字，对应零个或多个矿产地、物化探异常和找矿靶区属性表；每个矿产地以 KCAAA 为关键字，对应一个或多个实物工作量属性表；每个物化探异常以 YCBH 为关键字，对应一个或多个实物工作量属性表，1∶5万物探异常属性表包含1∶5万地磁异常、1∶5万激电异常、1∶5万重力异常、1∶5万航磁异常属性表。成矿带地质矿产数据库数据文件逻辑关系图如图2-1所示。

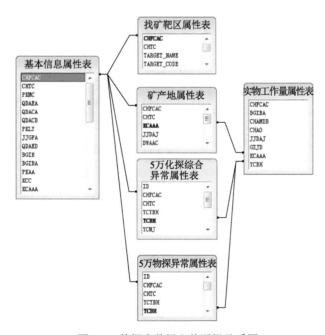

图 2-1　数据库数据文件逻辑关系图

2. 基本信息图层

成矿带地质矿产数据库中基本信息图层包括矿产调查图层（表 2-2）、地球化学勘查图层（表 2-3）、地球物理勘查图层（表 2-4）。

表 2-2 矿产调查图层

图层编号	子类名称	子类代码	图层描述	图层文件	图元性质
PK01	矿产预查	1310	矿产预查	CPKQKDC	面
PK02	矿产普查	1320	矿产普查	CPKQKPC	面
PK03	矿产详查	1330	矿产详查	CPKPKXC	面
PK04	矿产勘探	1340	矿产勘探	CPKPKKT	面
PK05	矿产远景调查	1350	1：5万地质矿产调查/矿产远景调查评价	CPKPKPJ	面

表 2-3 地球化学勘查图层

图层编号	子类名称	子类代码	图层描述	图层文件	图元性质
HT01	岩石	3210	1：5万岩石地球化学测量	CHT1KYS	面
HT02			>1：5万岩石地球化学测量	CHTPKYS	面
HT03	土壤	3220	1：5万区域土壤地球化学测量	CHT1KTR	面
HT04			>1：5万土壤地球化学测量	CHTPKTR	面
HT05	水系沉积物	3230	1：5万水系沉积物地球化学测量	CHT1KSX	面
HT06			>1：5万水系沉积物地球化学测量	CHTPKSX	面

表 2-4 地球物理勘查图层

图层编号	子类名称	子类代码	图层描述	图层文件	图元性质
WT01	地磁	3141（地磁）	1：5万地磁测量	CWTPKDC	面
WT02			>1：5万地磁测量	CWTXKDC	面
WT03	地电	3142（地电）	1：5万地电测量	CWTPKDD	面
WT04			>1：5万地电测量	CWTXKDD	面
WT05	重力	3143（地面重力）	1：5万重力测量	CWTPKZL	面
WT06			>1：5万重力测量	CWTXKZL	面
WT07	航磁	3111（航磁）	1：5万航磁测量	CWTPKHC	面
WT08			>1：5万航磁测量	CWTXKHC	面

3. 矿产地图层

成矿带地质矿产数据库主要地质矿产专业数据图层中矿产地图层见表 2-5。

表 2-5　矿产地图层

子类名称	图层内容	图层描述	图层文件	图元
贵金属	贵金属矿产地	金、银、铂族	CK_GJS	点
有色金属	有色金属矿产地	铜、铅、锌、铝、镁、镍、钴、钨、锡、钼、铋、汞、锑	CK_YSJS	点
黑色金属	黑色金属矿产地	铁、锰、铬、钛、钒	CK_HSJS	点
稀有金属	稀有金属矿产地	锂、铷、铯、铍、铌、钽、锆、铪、锶	CK_XYJS	点
稀土金属	稀土金属矿产地	镧、铈、镨、钕、钷、钐、铕、钆、铽、镝、钬、铒、铥、镱、镥、钇、钪	CK_XTJS	点
放射性元素	放射性元素矿产地	铀、钍	CK_FSXJS	点

4. 物化探异常图层

成矿带地质矿产数据库主要地质矿产专业数据图层中物化探异常图层见表 2-6。

表 2-6　物化探异常图层

子类名称	图层内容	图层描述	图层文件	图元
岩石	岩石地球化学综合异常	由 15 种单元素地球化学异常圈定	CH_YS	线
土壤	土壤地球化学综合异常		CH_TR	线
水系沉积物	水系沉积物地球化学综合异常		CH_SX	线
地磁	地面磁异常	由地面磁测数据圈定	CW_DC	线
地电	地面激电异常	由地面激电测量数据圈定	CW_DD	线
重力	地面重力布格异常	由地面重力布格数据圈定	CW_ZL	线
航磁	航空磁异常	由航空磁测数据圈定	CW_HC	线

5. 找矿靶区图层

成矿带地质矿产数据库主要地质矿产专业数据图层中找矿靶区图层见表 2-7。

表 2-7　找矿靶区图层

子类名称	图层内容	图层描述	图层文件	图元
找矿靶区	找矿靶区	成果报告圈定的找矿靶区	CG_BQ	面

（三）数据格式

基本信息属性表、矿产地属性表、1∶5 万化探综合异常属性表、1∶5 万物探异常属性表和找矿靶区属性表的数据格式见表 2-8～表 2-12。

表 2-8　基本信息属性表数据格式

序号	分类	数据项名	数据项代码	数据类型	已结题项目必填项	进行中项目必填项
1	图层标识	用户 ID	CHFCAC	C10	必填项	必填项
2		图层编号	CHTC	C4	必填项	必填项

序号	分类	数据项名	数据项代码	数据类型	已结题项目必填项	进行中项目必填项
3		项目状态	CHZT	C1	必填项	必填项
4		项目名称	PKMC	C100	必填项	必填项
5		承担单位	QDAEA	C40	必填项	必填项
6	项目	起始时间	QDACA	C6	必填项	必填项
7	简况	结束时间	QDACB	C6	必填项	必填项
8		项目来源	PKLY	C40	必填项	必填项
9		项目费用	JJGFA	N8.2	必填项	必填项
10		负责人	QDAED	C30	必填项	
11		专业种类	BGIB	C4	电脑自动填	电脑自动填
12		专业子类	BGIBA	C4	必填项	必填项
13		矿产分类	PKAA	C5	电脑自动填	电脑自动填
14		勘查对象	KCC	C19	必填项	必填项
15		矿产地号	KCAAA	C9	必填项	
16	工作	比例尺	CHAMDB	N7	必填项	必填项
17	简况	地理坐标	CHAHB	C400	必填项	必填项
18		工区面积	CHAO	N10.2	必填项	必填项
19		*地图编号	CHAMAC	C10	电脑自动填	电脑自动填
20		*图幅名称	MAPNAME	C40	电脑自动填	电脑自动填
21		行政区划	XZHQH	C6	电脑自动填	电脑自动填
22		成果名称	JJGAA	C300	必填项	
23	项目	工作量	PKGW	C1	必填项	填设计工作量
24	成果	取得主要成果	PKCG	C400	必填项	
25		存在问题	PKWT	C400	必填项	
26	完成	验收情况	JJYS	C6	必填项	
27	质量	验收单位	JJGAC	C40	必填项	
28	资料	原档存放（单位）	YBCF	C40	必填项	
29	保存	资料保管（单位）	PKIIM	C80	必填项	
30		档案号	PKIIN	C10		
31		填卡人	CHTKR	C10	必填项	必填项
32	责任项	填卡时间	CHTKD	C6	电脑自动填	电脑自动填
33		备注	NOTE	C200		

表 2-9　矿产地属性表数据格式

序号	数据项名	数据项代码	数据类型及长度	已结题项目 必填项	正在进行项目 必填项
1	用户 ID	CHFCAC	C10	必填项	必填项
2	图层编号	CHTC	C4	必填项	必填项
3	矿产地号	KCAAA	C9	必填项	必填项
4	矿产地名	JJDAJ	C100	必填项	必填项
5	地理经度	DWAAC	C15	必填项	必填项
6	地理纬度	DWAAD	C13	必填项	必填项
7	矿产分类	PKAA	C5	电脑自动填	电脑自动填
8	勘查对象	KCC	C19	必填项	必填项
9	矿床规模	PKGKB	C1	必填项	
10	主矿种	KCC2	C4	必填项	必填项
11	共生矿	KCCA	C14		
12	伴生矿	KCCB	C14		
13	矿床成因类型	KCBA	C4	必填项	
14	成矿时代	KCAOC	C7	必填项	
15	工作程度	PKD	C2	必填项	
16	开发利用状况	JJDCBF	C1	必填项	
17	基本特征	JBTZ	C400	必填项	
18	探明资源/储量	PKCABF	C250		
19	矿床平均品位	PKPJ	C12		
20	评审单位/机构	PSDW	C40		
21	发现时间	QDAM	C6	必填项	必填项
22	矿床发现方法	QDAO	C24	必填项	必填项
23	填卡人	CHTKR	C10	必填项	必填项
24	填卡时间	CHTKD	C6	电脑自动填	电脑自动填
25	备注	NOTE	C200		

表 2-10　1∶5 万化探综合异常属性表数据格式

序号	数据项名	数据项代码	数据类型及长度	已结题项目	正在进行项目
1	用户 ID	CHFCAC	C10	必填项	必填项
2	图层编号	CHTC	C4	必填项	必填项
3	原编号	YCYBH	C9	必填项	必填项
4	异常编号	YCBH	C9	必填项	必填项
5	异常面积	YCMJ	F7.2	必填项	
6	主成矿元素	YCZYS	C15	必填项	必填项
7	元素组合	YCZH	C50	必填项	必填项

序号	数据项名	数据项代码	数据类型及长度	已结题项目	正在进行项目
8	查证级别	YCCZ	C1	必填项	
9	异常特征及地质背景	YCTZ	C600	必填项	
10	解释推断与建议	YCWT	C400	必填项	
11	填卡人	CHTKR	C10	必填项	必填项
12	填卡时间	CHTKD	C6	电脑自动填	电脑自动填
13	备注	NOTE	C200		

表 2-11　1∶5 万物探异常属性表数据格式

序号	数据项名	数据项代码	数据类型及长度	已结题项目 必填项	进行中项目 必填项
1	用户 ID	CHFCAC	C10	必填项	必填项
2	图层编号	CHTC	C4	必填项	必填项
3	原编号	YCYBH	C9	必填项	必填项
4	异常编号	YCBH	C9	必填项	必填项
5	异常长度	YCCD	C8	必填项	
6	异常宽度	YCKD	C8	必填项	
7	异常面积	YCMJ	F10.2	必填项	
8	异常下限	YCXX	C8	必填项	
9	异常极值	YCJZ	C17	必填项	
10	查证级别	YCCZ	C1	必填项	
11	推断解释	YCTD	C400	必填项	
12	填卡人	CHTKR	C10	必填项	必填项
13	填卡时间	CHTKD	C6	必填项	电脑自动填
14	备注	NOTE	C200		

表 2-12　找矿靶区属性表数据格式

序号	数据项名	数据项代码	数据类型及长度	已结题项目 必填项	进行中项目 必填项
1	用户 ID	CHFCAC	C10	必填项	
2	图层编号	CHTC	C4	必填项	
3	靶区名称	TARGET_NAME	C80	必填项	
4	靶区原编号	TARGET_CODE	C30	必填项	不填
5	靶区面积	QDTCBA	N7.2	必填项	
6	靶区矿种	KCCA	C40	必填项	
7	已知矿床	DXKC	C40	必填项	
8	现有资源量	PKCAAG	C120		

序号	数据项名	数据项代码	数据类型及长度	已结题项目必填项	进行中项目必填项
9	预测评价结论	YCTD	C400	必填项	
10	填卡人	CHTKR	C10	必填项	
11	填卡时间	CHTKD	C6	电脑自动填	
12	备注	NOTE	C200		

（四）建库流程

（1）中央及地方财政部署矿产资源调查评价数据库建设工作流程图如图2-2所示。

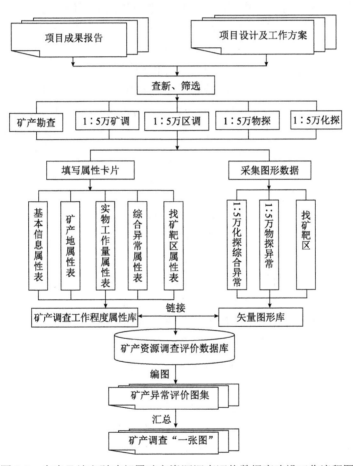

图2-2　中央及地方财政部署矿产资源调查评价数据库建设工作流程图

（2）属性数据采集与录入。在全面了解和收集资料的基础上，按项目基本信息"已完成"和"正在进行"进行归类。

已完成项目的填卡包括矿产资源调查评价项目和1∶5万物化探项目。

矿产资源调查评价项目：按照指南要求填制矿产调查基本信息属性卡片，梳理工区内以往发现矿产地和新发现的矿产地，填写矿产地属性卡片和该矿产地上投入的实物工作量属性卡片。如果矿产调查项目同时部署有大比例尺物探、化探工作，需要根据指南，按不同的工作方法分别填写基本信息属性卡片、综合异常属性卡片，如1：5万矿产远景调查成果报告（带1：5万高精度地面磁测和1：5万化探），需要分别填写矿产调查、1：5万磁测和1：5万化探基本信息属性卡片，若干张矿产地数据属性卡片（依本工区内发现矿产地数量计），若干张综合异常属性卡片（依本区内圈定的物化探异常数量计）。实物工作量依所投入的对象（矿产地或异常查证），填写若干张实物工作量属性卡片。如项目成果圈定有找矿靶区，则需填写找矿靶区属性卡片。本次建库对于大于1：5万物化探工作，仅收集入库基本信息数据，不采集物化探异常矢量图形。

1：5万物化探项目：按照指南填制基本信息属性卡片，采用几种工作方法，填制几张属性卡片（如1：5万综合物探项目，一般为重力和激电工作，需要分别填写重力和激电工作基本信息属性卡片）。还需填写综合异常属性卡片，如果本次工作有新发现矿产地，也需填写矿产地属性卡片（以往发现矿产地不填）。

正在进行项目的填卡包括矿产资源调查评价项目和1：5万物化探项目。

矿产资源调查评价项目：按矿产调查基本信息属性表"正在进行项目"规定的"必填项"进行填写，主要填写"图层标识""项目简况""工作简况"等内容。梳理工区内以往发现矿产地，填写矿产地属性卡片。如有新发现的矿产地，按矿产地属性表"正在进行项目"规定的"必填项"进行填写。根据任务书梳理工区内已圈定1：5万综合化探异常和1：5万物探异常，依属性表"正在进行项目"规定的"必填项"进行填写，如项目暂无此内容，则不填此卡。

1：5万物化探项目：需分类、对矿产调查基本信息属性表"正在进行项目"规定的"必填项"进行填写，主要填写"图层标识""项目简况""工作简况"等内容。梳理工区内已圈定1：5万综合化探异常和1：5万物探异常，对属性表"正在进行项目"规定的"必填项"进行填写，如项目暂无此内容，则不填此卡。

（3）图形数据采集与属性挂接包括如下三个方面。

矢量图形数据的命名：物化探每种工作方法各自只有一个矢量图形文件。命名规则为矿产调查基本信息属性中的工作方法简称（如HT、DC、ZL等）+"用户ID号"。如基本信息属性中的用户ID号为"3265120001"，工作方法为化探，则该综合异常图名为"HT3265120001"。

矢量图形数据格式及投影：物化探异常及找矿靶区矢量图形采用MapGIS格式、地理经纬度投影方式。其他格式图形须转换成MapGIS格式矢量数据。

矢量图形数据与综合异常属性表的挂接：使用MapGIS软件的属性库管理功能，利用"异常原编号"字段为综合异常矢量数据挂接属性表；利用"靶区原编号"字段进行找矿靶区的属性挂接。

三、矿产资源调查评价专题制图

基于地质矿产资源数据库管理系统管理的数据和各类成果资料编制专题制图，一方面是地质调查成矿带工作部署和诸多项目成果集成需要，另一方面是地质调查成果面向社会应用、与其他工业行业数据进行集成表达的需求。为此，项目组织研发了面向现阶段成矿带项目数据成果集成"一张图"工作的专题制图功能，同时实现了基于数据的地质矿产多专业数据集成和综合的多图层和多来源数据叠合、配准、自动生成图例等综合制图。

为了更好地为地质工作科学规划与部署服务，提供更加直观的矿产调查工作程度图，编制了 1∶20 万矿产调查评价工作程度图集和三种比例尺的矿产调查工作程度"一张图"制图方案。

（一）矿产调查评价工作程度图集

以 1∶20 万或 1∶25 万标准分幅缩编，A3 竖版对开形式排版。正面为矿产异常评价工作程度图，背面半版为文字和表格。

1. 图件要求

图件内容包括地理、地质（区域地质、区域物化探异常、矿产等）、1∶5 万矿调工作范围（1∶5 万矿调及矿产远景调查、1∶5 化探、1∶5 万物探）、矿产地工作程度、1∶5 万物化探综合异常以及图例等内容，具体技术要求如下。

1）地理底图

采用不含地形和高程等涉密要素的平面图。

A. 比例尺及图面规格

按 1∶20 万或 1∶25 万标准分幅编制（依本幅实测地质图比例尺确定采用 1∶20 万或 1∶25 万）。局部国界附近和基岩出露面积不足 1/2 及工作程度低的图幅与相邻完整图幅合并。

坐标网使用地理经纬度坐标和平面直角坐标两种。地理坐标按经度 15′、纬度 10′ 绘制，分割的区块与 1∶5 万标准图幅一致，采用黑色线条。

B. 地理要素

主要包括国界、省界、地区界、县级以上行政中心及重要乡镇，常年河流、湖泊，航空站、铁路及主要车站，高等级公路及国道、省道及主要县乡道等。线条采用透明彩色，具体参照一般地图。

2）地质要素

主要包括区域地质、区域地球化学异常、区域地球物理异常、矿产等，要求如下。

A. 区域地质

依据 1∶20 万区域地质图、1∶25 万区域地质修测图（阶段）、潜力评价 1∶25 万实际材料图等资料进行简化修编。主要反映地层、蛇绿岩、侵入岩、脉岩等重要地质体及代号、主要断裂构造。其中古生代前地层沿用原图，中生代地层反映到系，新生界不分。图面上直径规模小于 5mm 或宽小于 2mm、长不足 1cm 的地质体与长不足 5cm 的断裂，如无特殊或重要地质意义要适当进行删减或合并（周边被新生界覆盖图面上相距不超过 2mm）。地层界线不反映不整合等属性，用黑色线条，断裂构造用单一红色线条，重要的区域性大断裂加粗表示。

B. 区域地球化学异常

针对各成矿带不同的主攻矿种，反映1∶20万圈定的主要成矿元素单元素地球化学异常图和1∶20万综合异常及1∶5万圈定的综合异常。其中1∶20万异常由全区样品数据统一处理后圈定，并进行统一编号。

C. 区域地球物理异常

利用各省1∶200万至1∶50万区域地球物理异常图资料编图，如新疆地区区域重力采用新疆地矿局物化探大队20世纪80年代编制完成的新疆1∶200万区域重力布格异常图，该图采用在不同比例尺重力图中按1∶200万数据网格要求取数完成编图，重力点密度主要为每100~400km^2 1个点，昆仑-阿尔金为自然空白区。

D. 矿产

利用矿产资源调查评价数据库成果和各成矿带成果集成项目统计资料。主要包括贵金属、有色金属、黑色金属、稀有金属、稀土金属矿产。按矿产地中心地理坐标位置标注。采用规范的符号及格式表达，矿产地规模按超大型、大型、中型、小型、矿点、矿化点六个级别表示。其中工作程度低的地区金属矿产反映到矿化点，工作程度高的地区金属矿产反映到矿点或有重要意义的矿化点。

3）1∶5万区域地质（矿产）调查及物化探工作范围

包括1∶5万区域地质（矿产）调查、1∶5万矿产远景调查（有系统调查路线控制）、1∶5万区域地球化学测量、1∶5万地面高精度磁法测量、1∶5万重力测量、1∶5万激电测量等六类工作。按实际工作区范围，用红色线框表示部署和正在进行的项目，用黑色线框表示已完成的项目，并注明工作时间，分别以配图表示，比例尺为1∶100万。

4）矿产地和1∶5万物化探异常工作程度

A. 矿产地

按项目状况分为正在进行（含部署）项目和已完成项目，按矿产勘查工作程度分为勘探、详查、普查、预查、远景调查评价五类。正在进行项目在矿产地子图上加"¤"表示，已完成项目按正常图示方法表示。矿产地工作程度分别在子图外加紫色、红色、绿色、浅蓝色、黄色外圈，分别表示勘探、详查、普查、预查和远景调查。

B.1∶5万地球化学综合异常查证

不同元素组合的1∶5万化探综合异常分别以不同的颜色表示；异常查证程度分五个级别，深部工程验证、地表工程验证、化探详查、地物化剖面及踏勘检查，分别用不同线型表示。

C.1∶5万物探异常工作程度

从平面等值线图中，以项目报告中划定异常下限为依据，提取地磁、重力、激电异常，分别以加粗线条表示。最终的矿产勘查工作程度图上地理、地质体和字体大小、线条粗细等要素或注迹要清晰美观，并以能重点突出反映矿产勘查工作程度为原则。

5）图例

包括图面上所有地质要素（其中地层、蛇绿岩、侵入岩、脉岩要有主要建造或主要岩性）、矿产地、物化探异常、矿产调查工作范围等内容。

6）工作程度图维护要求

A. 地理及地质底图

地理底图或地质底图除非有重大变化，原则上不进行更新。

B. 矿产勘查工作程度图

按年度进行更新，年度更新在次年 6 月前完成。

2．文字内容

以 1∶20 万或 1∶25 万标准图幅为单位，简要总结矿产调查、异常查证工作程度，主要内容如下：

基本情况：图幅自然地理、地质情况简述。

基岩区统计：图幅内基岩出露情况，如可测面积、完成面积、完成比例等。

综合异常统计：圈定的化探综合异常、物探异常数量，异常查证数量，各级查证数量和查证比例等。

矿产地统计：图幅内矿产地、矿种、规模分类统计，矿产勘查工作程度统计、分析等。

3．表格内容

表格内容包括图幅内已发现矿产地列表、图幅内物化探异常列表。

（二）成矿带地质矿产"一张图"制图

成矿带"一张图"功能，主要包括根据服务对象分成矿带、省级、大区级管理三个层次，以 MapGIS 格式图形表达。成矿带数据从"矿产调查评价工作程度图集"数据图层中收集汇总，省级数据从成矿带数据中收集汇总，大区级数据从省级数据中收集汇总。

1．成矿带矿产调查工作程度"一张图"

以成矿带为单位，图面比例尺为 1∶50 万，使用对象为各计划项目。图面由以下内容组成：1∶50 万地质图（采用中国地质调查局下发的 1∶50 万数字地质图）、1∶5 万矿调、1∶5 万化探、1∶5 万物探工作程度（采用本成矿带所涉及相关图幅工作范围矢量数据）、1∶20 万主成矿元素化探异常（由本图幅 1∶20 万单元素化探异常矢量图选出本区主成矿元素）、1∶5 万化探综合异常（本成矿带所涉及相关图幅 1∶5 万化探综合异常矢量数据）、1∶5 万物探异常（本成矿带所涉及相关图幅 1∶5 万物探异常矢量数据）、矿产地（本成矿带所涉及有关矿产地矢量数据）。其中，矿产地点图元所标示工作程度级别、物化探异常线元颜色所标示查证级别规定均与"图集"规定相同，省级、大区级亦相同。

2．省级矿产调查"一张图"

以省级行政区划为单位，图面比例尺为 1∶50 万或 1∶100 万（视省区面积大小而定），使用对象为省级矿产资源规划管理机构。图面内容与成矿带"一张图"规定相同。

第二节　成矿带地质矿产数据库管理系统开发与完善

基于成矿带地质矿产数据库建设技术方案，结合中国地质调查局业务部署与成果展示、成矿带计划项目数据应用、省级地勘与矿政业务需求等不同层次对成矿带地质矿产数据应用的功能需求，并根据低耦合、高内聚的原则，依据现有成熟模式设计方法，项目于 2014 年委托中国地质大学（武汉）开发了成矿带地质矿产数据库管理系统。系统主要包括数据管理、数据检索和数据展示三个部分的内容，均涵盖成矿带项目成果和专业数据两个层面，涉及矿产地、地质工作程度、重力、磁力、化探、物探异常、化探异常以及各种比例尺地质图共八个专业，实现了基本的数据导入导出、范围属性检索以及展示等功能，总体上实现了项目管理、专业管理和检索查询等基本功能。

2015 年，针对"成矿带地质矿产数据库管理系统（2014 版）"试用中发现的问题，继续开展了"成矿带地质矿产数据库管理系统"的开发完善工作。增加了自然重砂数据库、同位素数据库、地质工作程度图数据库的管理功能和不同比例尺地质图数据管理功能、浏览功能，增强了专题制图功能，开发了三维建模功能，完善了资料管理和专业数据管理功能、地质图管理与专题制图功能、部分三维显示等，开发完成了"成矿带地质矿产数据库管理系统（完善版）"。

下面分别从成矿带地质矿产数据库管理系统的数据管理模式、功能模块划分及系统功能几个方面加以介绍。

一、数据管理模式

针对多源地质资料的数据特点，从系统研发的角度，提出了项目与专业相结合，纵横交叉管理的数据管理模式，针对地质资料的多元性和复杂性，分别规划了项目管理和专业管理两种不同的工作流程（图 2-3）。通过对已有项目管理设计方案的扩充，融合了现有不同专业的数据库建设特点，实现了项目与专业管理的无缝对接。同时，考虑到数据三维表达的需要，设计了相应的三维展示模块。

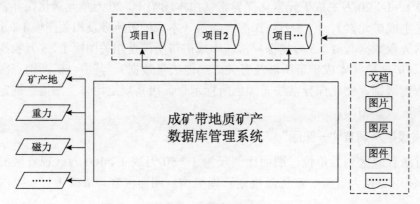

图 2-3　数据管理模式

　　首先按照档案管理模式，以项目为单位输入相关数据信息，并管理项目产生的文档、图片、MapGIS 图层和图件信息。其次按照项目涵盖的不同专业类型，批量导入各专业数据。最后对项目和专业数据自由组合，实现系统信息的综合检索和输出。

二、功能模块划分

　　成矿带地质矿产数据库管理系统是一个对不同类型、不同格式、不同内容、不同尺度和不同时间的空间数据进行统一管理的平台，软件需要具备较强的空间数据管理和交互功能，能应对各种不同的数据服务要求。

　　根据不同的应用需要，系统可分为数据入库管理、数据查询显示，以及专题成果展示与制图输出三个部分，分别实现地质资料的导入、检索和展示。系统以项目为主导，所有的数据要求填报相关项目信息方可入库。项目信息则由系统归档人员手动录入（图 2-4）。

（一）数据入库管理

　　数据入库管理模块主要有各类矿产资源成果资料的数据导入和入库数据信息的编辑、修改和删除功能，并提供各类编辑操作的日志记录。针对系统处理的数据类型，分为项目入库管理、专业信息入库管理和文档资料入库管理三类。其中，项目入库和专业信息入库主要针对用户数据表信息，部分专业可导入 MapGIS 图件数据作为空间资料。文档资料入库作为项目的附属信息，可针对不同项目独立导入。完成的具体功能包括：

　　（1）项目信息的填卡式录入和编辑功能；

　　（2）项目文档资料的逐一导入和批量导入功能，支持每个文件包含独立的空间范围信息；

　　（3）矿产地数据、物探异常和化探异常数据的填卡式录入、批量导入和编辑功能；

　　（4）重力、磁力、化探、重砂和同位素数据的批量入库、更新和删除功能；

　　（5）地质工作程度数据的批量入库、更新和删除功能；

　　（6）钻孔数据的批量导入功能；

　　（7）各类标准比例尺地质图、全国 1∶50 万基础地质数据和全国 1∶50 万基础地理数据的入库功能，支持地质图文件夹路径的准确性、图幅信息的完整性以及图幅自带系统库情况的检查；

　　（8）导入过程中同步检查用户数据表的属性字段匹配情况，并记录相应的数据入库操作日志。

（二）数据查询显示

　　数据查询显示模块主要负责各类项目、专业和文档资料数据的空间范围和属性查询，并支持查询结果的动态显示。其中，空间范围查询包括行政区范围、标准图幅范围和任意矩形范围三类。属性查询则根据不同专业的属性特点，支持用户自定义查询字段和内容。完成的具体功能包括：

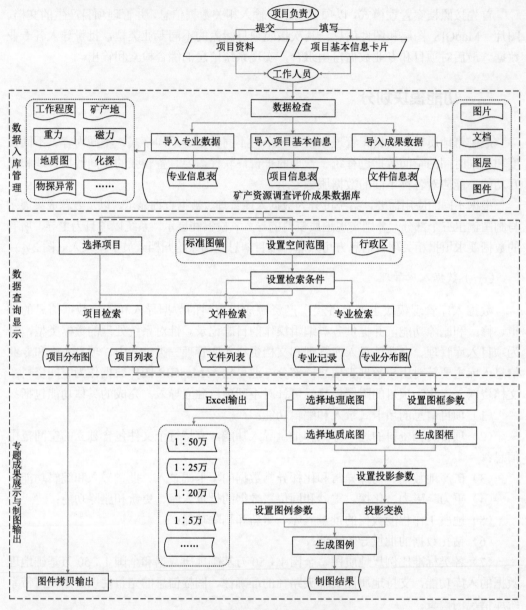

图 2-4　系统功能划分及管理过程

（1）项目信息空间范围和属性查询功能，查询结果提供基于列表视图的表格形式和基于地图视图的 MapGIS 区文件两种形式显示，支持属性信息的分类统计；

（2）项目相关文档资料的空间范围查询功能，查询结果提供基于列表视图的表格形式显示，支持鼠标单击查询结果记录，查看文档资料内容；

（3）矿产地、重力、磁力、化探、重砂和同位素数据的空间范围和属性查询功能，查询结果提供基于列表视图的表格形式和基于地图视图的 MapGIS 点文件两种形式显示，图元参数可根据用户需要定制，矿产地、重力、磁力和化探数据支持属性信息的分类统计；

（4）物探异常和化探异常数据的空间范围查询和属性查询功能，查询结果提供基于列表视图的表格形式和基于地图视图的 MapGIS 文件两种形式显示；

（5）地质工作程度数据的空间范围查询和属性查询功能，查询结果提供基于列表视图的表格形式和基于地图视图的 MapGIS 文件两种形式显示；

（6）钻孔数据的交互式空间范围查询功能，查询结果提供基于地图视图的 MapGIS 点文件形式和基于三维视图的立体模型显示；

（7）各类标准比例尺地质图的图幅查询功能，支持单一图幅地质图的浏览以及多个图幅地质资料的联合编图显示；

（8）综合查询功能，支持用户自定义多个数据库不同属性字段的联合查询，查询结果以表格形式显示；

（9）项目信息概览功能，支持项目成果数据的综合展示。

（三）专题成果展示与制图输出

专题成果展示与制图输出模块主要针对项目和专业数据的查询结果，分为专题成果展示和制图输出两个部分。专题成果展示除基本的图形形式和表格形式展示外，还支持地质资料的可视化表达，以及部分专题成果数据的三维建模展示。制图数据支持选取不同的地理和地质底图，对数据查询结果通过投影变换、图框加载和图例自动生成，制作成符合用户要求的成果图件并导出。同时，支持对专题性数据的统计和简单报表输出功能。完成的具体功能包括：

（1）任意空间范围不同标准比例尺地质图和地理图件数据的自动提取功能，支持用户自定义的数据投影，以及自定义图框的向导式自动生成，默认采用《全国矿产资源潜力评价数据模型空间坐标系统及其参数规定分册》的数据投影；

（2）不同比例尺地质图图例的自动生成，支持图例参数的调整并可在用户指定位置生成，并支持根据用户指定的地质图属性字段生成图例；

（3）矿产地查询结果自动制图功能，支持在用户指定的位置自动生成标准矿产地图例；

（4）重力、磁力和化探数据查询结果的自动制图功能，支持用户指定参与制图的专业属性字段及分类指标，以及相应的图形参数，并在用户指定的位置生成图例；

（5）制图投影参数的自定义配置，支持从 xml 文件中读入相应配置信息；

（6）基于钻孔数据查询结果的地层建模功能，支持在三维视图中进行模型的全方位浏览；

（7）物化探属性模型的三维展示功能，支持用户生成的*.vol 格式物化探属性数据在三维窗口的独立显示，提供基本数据浏览、色表配置、等值线追踪以及三维剖切显示等功能；

（8）矿产地数据查询结果与三维地形叠加显示功能；

（9）重力、磁力和化探数据查询结果克里格插值曲面生成功能，支持插值曲面与三维地形的叠加显示；

（10）所有查询结果的 MapGIS 图形形式和 Excel 表格形式的拷贝输出。

三、系统功能

系统涵盖地质数据资料内容较多，因此，结合系统涉及的地质数据、资料类型和功能划分，从项目及文档资料、地质图类地质资料、数据表类地质资料以及三维地质资料的具体管理过程，简要介绍系统功能如下。

（一）项目及文档资料管理

项目信息是系统数据管理的基础。项目信息是数据导入的初始环节，除地质图、地质工作程度和钻孔数据外，其他专业资料的录入都必须依托具体矿产资源调查评价项目。文件数据是以本地文件信息存放的各个项目的文档、图片和 MapGIS 图件资料，采用本地拷贝的形式进行管理（图 2-5）。

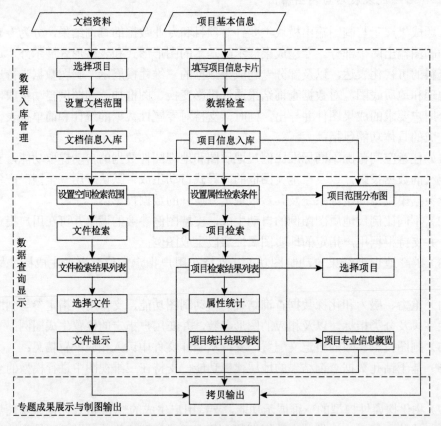

图 2-5 项目及文档资料管理过程

1. 项目及文档资料管理

项目信息的管理主要涉及数据入库、数据查询两类，其中，数据入库提供了用户填卡的模式，要求用户逐个输入项目信息，系统对卡片信息进行严格检查后方可入库。数据查询则提供空间范围和属性两种方式，查询结果以列表形式显示，并支持用户对查询结果的统计。此外，为帮助用户了解项目资料的整体信息，系统还提供了项目概览功能，可一键式显示项目包含的所有专业资料信息。

文件数据的管理涉及数据入库和数据检索两类，其中数据入库主要针对单一项目，提供文件信息的拷贝输入，数据检索则可针对项目或者用户指定的空间范围检索相应的文件，结果以列表形式显示，用户可选择检索结果文件逐一查看。

项目和文档检索的结果均提供 Excel 和图形文件的拷贝输出。

2. 项目及文档资料入库

创建项目时，要填写相应的项目基本信息（主要包括项目及工作简况、项目成果与完成质量和资料保存与责任项三个部分，图 2-6），完成新建项目，即可进行该项目文件入库管理。

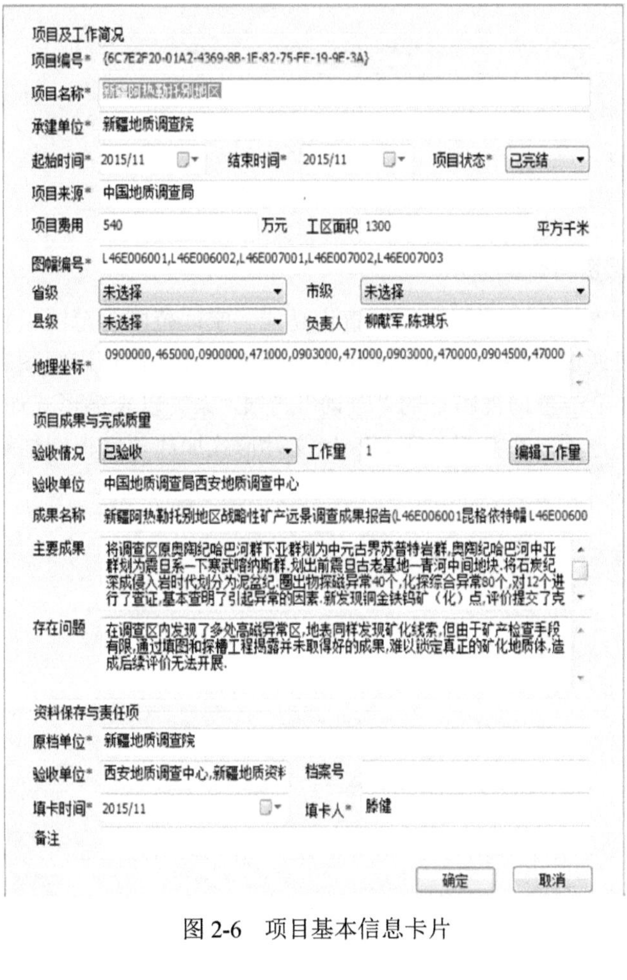

图 2-6　项目基本信息卡片

在项目编辑状态下，可以进行项目的修改和删除操作。在编辑和删除前，系统会自动弹出项目信息对话框，并通过信息确认对话框，确定用户对系统的编辑和删除操作。

新建项目或编辑项目之后,右键项目编号,即可导入项目文档。部分文档,如测点照片等与具体空间位置有关,系统提供对文件空间位置的设定,默认文件空间位置与所属项目空间位置相同。

系统根据项目编号,在服务器上建立相应的文件夹存储该项目相关的文档资料。文档资料的存放采用以文本文件作为索引的文档存放格式,同时支持 2014 年 8 月后地质资料馆的文件存档格式 xml 文件的导入,但导入后系统依然按照原有格式对文件进行重新归档存放,如图 2-7 所示。

图 2-7　文档存放格式

3. 项目及文档资料查询显示

项目信息查询支持空间范围和属性查询功能。空间范围为范围设置功能中设定的地理范围,属性则可通过属性条件面板编辑多个属性条件。在查询视图左侧选择相应的要素名约束条件,并单击查询视图下的"查询"选项,系统以表格形式加载项目查询结果。单击"查看视图"选项,系统以 MapGIS 区文件形式加载项目查询结果(图 2-8)。

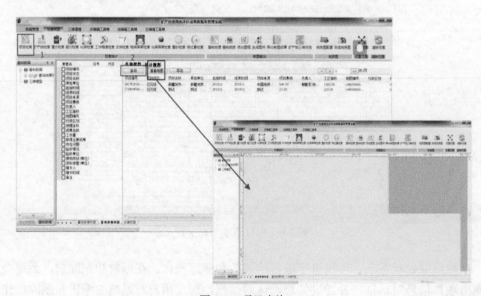

图 2-8　项目查询

　　系统支持项目数据情况的概览操作。用户通过交互选择系统已有的项目信息，了解选中范围内包含的项目数量，以及每个项目涵盖的专业数据信息，并可通过"出图"选项生成相应的图形文件（图 2-9）。

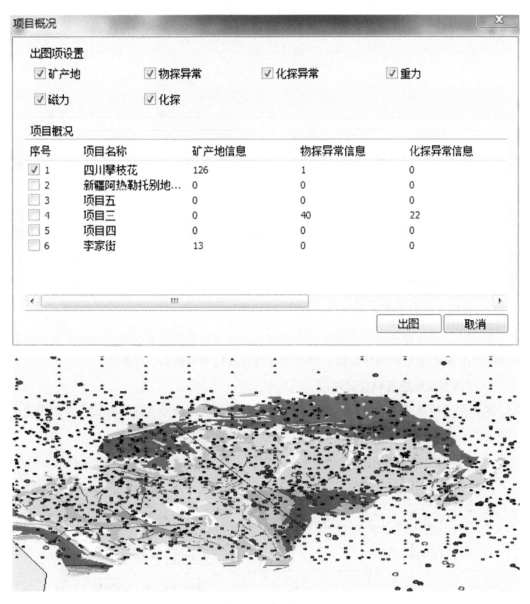

图 2-9　项目概况

　　文件检索主要针对特定项目，可检索某一项目的所有文件，也可以根据文件名称或范围提取相应信息。检索结果以列表形式展示，用户可选择单一文件在独立窗口中查看（图 2-10）。

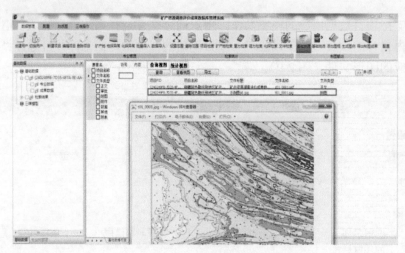

图 2-10　文件检索结果及浏览

4. 项目及文档信息输出

项目及文档信息仅提供查询结果的拷贝输出功能，项目及文档查询结果列表可以以 Excel 的形式拷贝输出，项目范围分布图以及项目概览生成的专业数据分布图，支持以 MapGIS 格式的数据拷贝输出。单个文档资料通常提供拷贝输出功能。

（二）地质图类地质资料管理

地质图是系统管理的一类重要的专业资料，分为标准图幅和非标准图幅两类，主要为 MapGIS 格式图形和图件数据，部分图件带有各自不同的系统库数据。

1. 地质图类地质资料管理过程

地质图类地质资料的管理系统对该类数据的管理主要涉及入库、查询以及制图输出三个方面，见图 2-11。

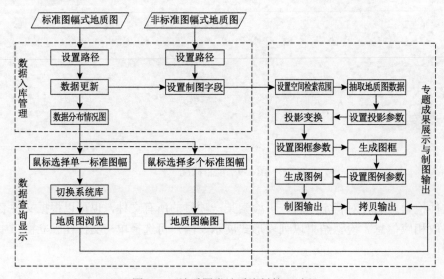

图 2-11　地质图类地质资料管理过程

由于地质图主要为 MapGIS 格式，系统暂不支持其向 Oracle 数据库的导入功能，仅能在本地文件夹中进行存储。考虑到用户数据大多为标准格式并已经整理完成，因此，系统对地质图类地质资料的入库，仅支持数据目录的设置，而不能对实体数据进行拷贝及格式转换等操作。入库后的标准图幅数据，系统以标准比例尺接图表的形式，对数据的空间分布情况进行展示。

地质图类地质资料的查询主要支持标准图幅形式地质图件的浏览和编图功能，可展示某个特定图幅的成果图件信息，也可抽取多个图幅的原始图形文件，在地理坐标系下进行联合展示。

地质图类地质资料是系统专题制图输出的重要底图数据。用户在完成其他专业数据的查询后，可以选择任意地质图数据作为底图，系统根据当前的查询范围，从地质图中抽取相应的地质数据，经过投影变换后，加载相应的图框信息，生成查询结果的成果图件。同时，根据用户设定的图例参数，结合地质图资料入库时设置的制图字段信息，从抽取的地质图数据中选择特定的属性字段，自动生成地质图图例，绘制在用户指定位置。

2. 地质图类专业资料入库

地质图类专业资料采用本地文件形式存储，系统支持 1∶5 万、1∶10 万、1∶20 万、1∶25 万和 1∶50 万的地质图数据入库操作（图 2-12）。由于每个比例尺可能涉及多个数据库数据，地质图数据入库需要首先创建数据库名称，然后在系统配置向导中设置相应的数据库资料目录信息。系统支持指定目录下地质图信息的完整性检查，并提供检查结果日志。同时，若该地质图需要作为后续的制图底图，则需要设置其制图字段信息，用来生成相应图例。

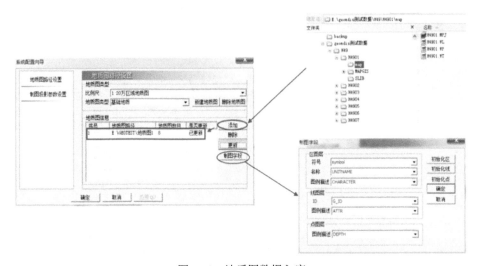

图 2-12　地质图数据入库

在正确导入系统信息后，系统自动生成标准图幅接图表形式的地质图数据分布信息。并突出显示系统当前已经入库的图幅数据（图 2-13），以方便用户了解数据的整体情况。

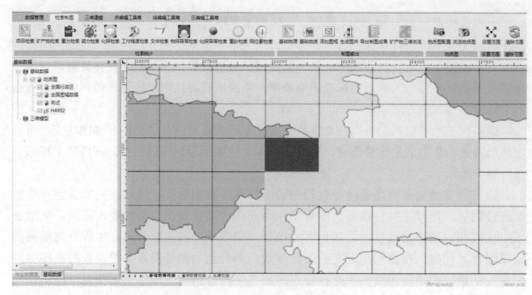

图 2-13　地质图数据覆盖情况

3. 地质图类专业资料查询显示

地质图类专业资料的查询目前支持基于标准图幅的空间范围查询。数据入库后，系统可通过接图表显示入库数据的图幅信息。用户可通过鼠标交互选择某个图幅，系统自动将该图幅号加载至左侧目录树中的"地质图"目录下，点击"浏览地质图"，即可在右侧基础数据视图中浏览该图幅内包含的地质图资料。若该图幅内包含多个图件数据，则对话框提示用户选择需要浏览的图件（图 2-14）。

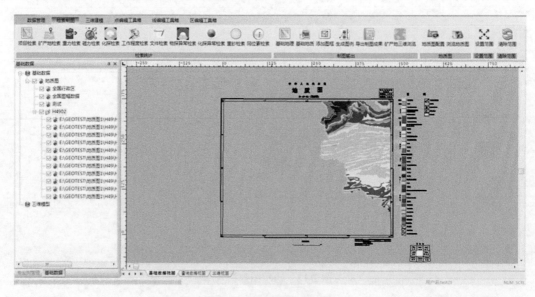

图 2-14　地质图查询结果

用户可通过鼠标交互选择多个图幅，系统自动将所选图幅号加载至左侧目录树中的

"地质图"目录下,右击"地质图编图",即可在右侧基础数据视图中浏览所选图幅原始数据的联合显示效果(图 2-15)。

图 2-15　多幅相邻地质图查询与编图

4. 地质图类专业资料制图输出

在所选范围专业数据检索结果的基础上,系统提供以不同比例尺基础地质和基础地理数据作为底图的联合制图输出功能。

用户选择特定比例尺的基础地理或者基础地质数据后,可以通过添加图框功能,根据数据范围和比例尺,生成相应的图框(图 2-16)。然后通过生成图例工具,在图面的指定位置生成相应的地质图图例(图 2-17)。

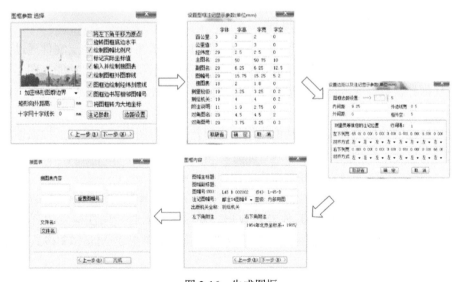

图 2-16　生成图框

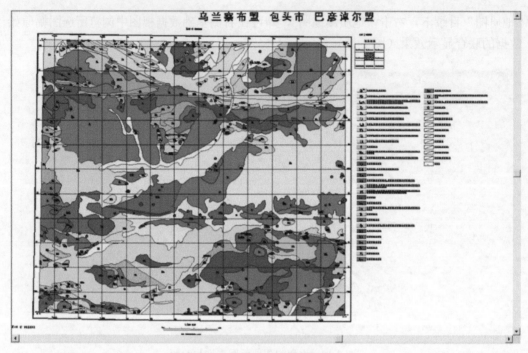

图 2-17　地质图制图输出

（三）数据表类地质资料管理

数据表类地质资料较多，通常以 Access 数据表格为主，部分资料如物探异常和化探异常数据还有相应的图层文件。由于不同专业资料数据库属性信息各不相同，在进行数据表类地质资料管理时，需要根据数据库特征，设置不同的管理过程。

根据目前系统完成的功能，主要分为物化探异常数据，矿产地数据，重力、磁力、化探数据，以及重砂、同位素和地质工作程度数据四类。

1. 物化探异常专业资料管理过程

物化探异常数据由属性表格和图层文件共同组成，属性表格和图层文件通过异常编号进行关联。系统支持物化探异常数据的入库、查询显示和制图输出功能（图 2-18）。

物化探异常数据的入库管理提供填卡式和批量式两种入库方式，用户可根据需要自行选择。

物化探异常数据的查询显示功能先根据空间范围检索图层信息，然后根据图层信息对应的异常编号，结合用户设置的属性条件，从数据库中获取相应的属性信息，以列表形式显示检索结果，并自动关联到相应的图层检索结果。

物化探异常数据的制图输出则根据用户设定的投影参数，对图层检索结果进行投影变换，与地质、地理底图及其他专业数据一并显示。同时，属性检索的列表结果提供 Excel 格式的拷贝输出，范围检索结果及制图输出结果提供 MapGIS 格式文件的拷贝输出。

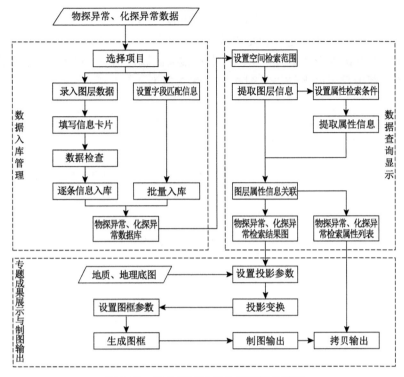

图 2-18　物化探异常专业资料管理过程

　　物化探异常数据的填卡式录入需要在选择特定项目的基础上，填写完整的属性卡片，并关联相应的图层文件。在信息入库后，当项目信息处于编辑状态时，可以通过"编辑"和"删除"选项，选择需要编辑的物化探综合异常属性信息（图 2-19）。

图 2-19　物化探异常属性信息表

物化探异常数据的查询包含空间范围查询和属性查询两类，可同时进行。用户选择合适的地理范围后，对属性进行一定设置，即可查询该范围内满足一定属性条件的空间数据。查询结果默认为表格形式，用户可查看相关的属性信息。单击"查看视图"选项，即可在地图视图中显示图形结果（图2-20、图2-21）。

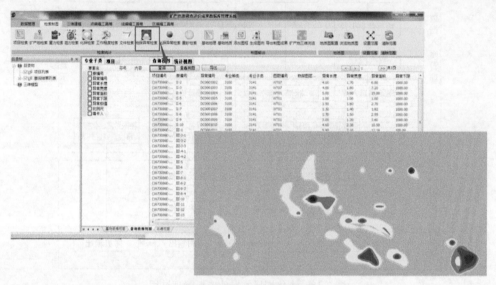

图2-20　物探异常检索结果

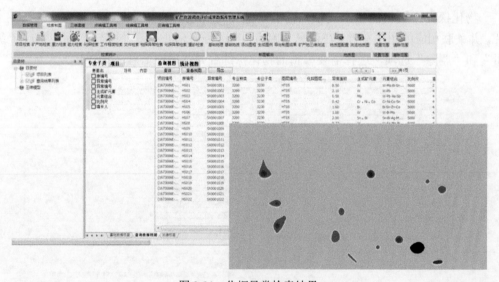

图2-21　化探异常检索结果

2. 矿产地专业资料管理过程

矿产地是系统管理的重要专业数据之一，全部由数据表格构成，系统根据表格中的经纬度属性信息实现矿产地的定位。系统支持矿产地数据的入库、查询显示和制图输出功能（图2-22）。

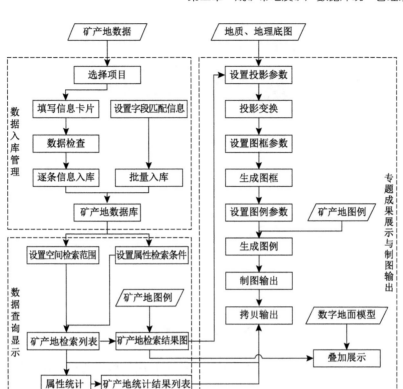

图 2-22　矿产地专业资料管理过程

矿产地数据的入库可以用填卡或批量两种方式进行，用户可自行选择（图 2-23、图 2-24）。

图 2-23　矿产地属性信息表

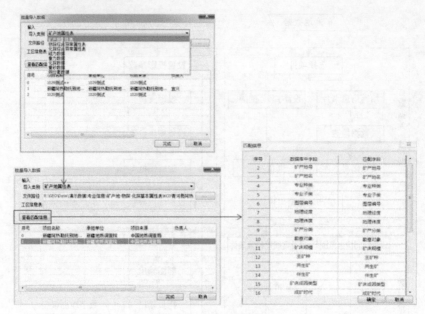

图 2-24　矿产地批量入库

　　矿产地数据的查询显示功能支持空间范围检索和属性检索两种形式，用户也可自行编辑相应的检索条件。检索结果默认以列表的形式显示，也可以根据用户需要，生成基于矿产地标准图例的检索结果图层。根据矿种类型等条件，还可对查询到的矿产地结果进行统计，统计信息同样以列表形式显示。

　　矿产地数据的制图输出功能在以地质图为基础的投影变换和图框生成上，在用户指定位置生成矿产地图例。系统还提供将矿产地检索结果与数字地面模型相叠加，以 2.5 维形式在三维地球上显示，方便用户动态查看矿产地检索信息。

　　用户在选择特定项目后，可以通过填写卡片的形式，逐一导入矿产地数据。同时，考虑到矿产地数据库已有多年的积累资料，故系统同样提供批量录入方式。

　　矿产地数据的查询包含空间范围查询和属性查询两类，可同时进行。用户选择合适的地理范围后，对属性进行一定设置，即可查询该范围内满足一定属性条件的矿产地数据。查询结果默认为表格形式，用户可查看相关的属性信息。单击"查看视图"选项，即可在地图视图中显示图形结果（图 2-25～图 2-28）。

　　切换到"统计视图"，并单击"统计"，得到根据矿种的统计结果。

　　列表和图形形式的查询和统计结果均可通过拷贝输出方式导出到用户指定位置的 Excel 文件或 MapGIS 图形文件。

　　在制图输出时选择矿产地查询结果，即可结合基础地质和基础地理底图，通过投影变换生成制图结果，并根据需要生成标准格式的矿产地图例。

　　为动态表达矿产地的地理位置，系统实现了在三维地球上叠加矿产地信息，单击"矿产地三维浏览"选项，切换到三维视图。

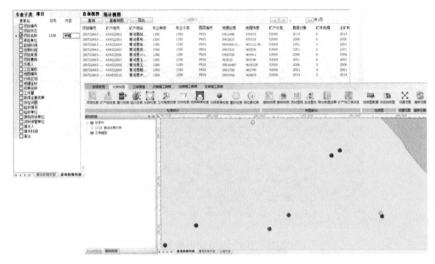

图 2-25　矿产地查询结果

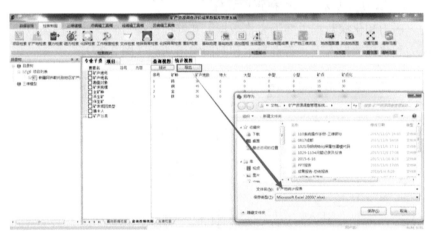

图 2-26　矿产地查询结果统计

图 2-27　检索结果拷贝输出

图 2-28　矿产地与地形叠加展示

3. 重力、磁力和化探专业资料管理过程

重力、磁力和化探数据主要为表格数据，其管理过程与矿产地数据类似，系统支持重力、磁力和化探数据入库、查询显示和制图输出功能（图 2-29）。

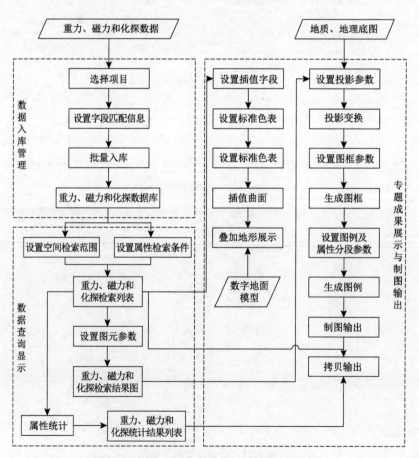

图 2-29　重力、磁力和化探专业资料管理过程

　　重力、磁力和化探数据的入库仅支持批量导入形式，用户提供 Excel 形式的原始数据，通过数据字段匹配等设置自动导入系统。

　　重力、磁力和化探数据的查询显示同样支持空间范围检索和属性检索两种形式，用户也可自行编辑相应的检索条件。检索结果默认以列表的形式显示，也可以根据用户选择的图元参数，生成 MapGIS 格式的检索结果图层。根据特定属性字段，还可对查询结果进行统计，统计信息同样以列表的形式显示。

　　重力、磁力和化探数据的制图输出功能在以地质图为基础的投影变换和图框生成的基础上，可以根据用户指定的制图字段和制图分段信息，生成重力、磁力和化探数据图例（图 2-30）。

　　此外，系统支持将重力、磁力和化探数据检索结果通过克里格插值方式生成曲面数据，与数字地面模型相叠加，以 2.5 维的形式在三维地球上显示（图 2-31）。

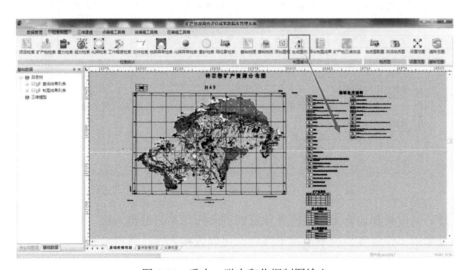

图 2-30　重力、磁力和化探制图输出

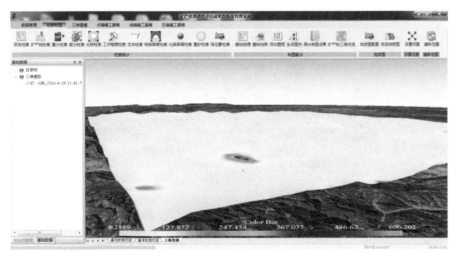

图 2-31　化探异常展示

4. 重砂、同位素和地质工作程度专业资料管理过程

重砂、同位素和地质工作程度专业资料主要为数据，其管理过程与重力、磁力和化探数据类似，系统支持其数据入库、查询显示和制图输出功能（图2-32）。

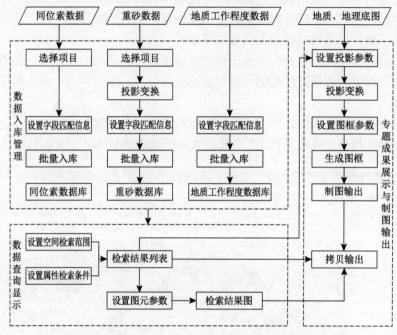

图 2-32　重砂、同位素和地质工作程度专业资料管理过程

重砂、同位素和地质工作程度专业资料的入库与重力数据一致，仅支持批量形式。区别在于地质工作程度数据不依赖于项目，可以直接入库。重砂数据为大地坐标系，在入库时需要进行相应的坐标转换。

重砂、同位素和地质工作程度专业资料的查询显示与重力数据基本一致，但暂不支持属性统计功能（图2-33）。

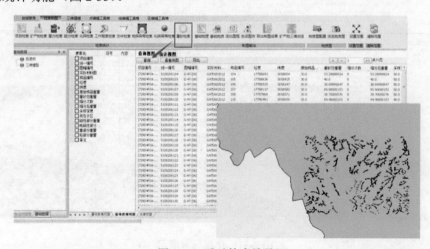

图 2-33　重砂检索结果

重砂、同位素和地质工作程度专业资料的制图输出仅支持检索结果的投影变换，以及与地质、地理底图及其他专业数据的联合显示。同时，属性检索的列表结果提供 Excel 格式的拷贝输出，范围检索结果及制图输出结果提供 MapGIS 格式文件的拷贝输出。

（四）三维地质资料管理

1. 钻孔数据管理

系统目前的三维地质资料管理仅针对钻孔数据开展，数据管理过程主要针对三维显示和地层建模开展，系统支持数据入库、查询显示和制图输出功能。可考虑到钻孔数据的复杂性，系统从《全国重要地质钻孔数据库建设工作技术要求》中抽取了与三维钻孔建模和地层建模有关的部分属性字段，用于系统钻孔数据的管理（图 2-34）。

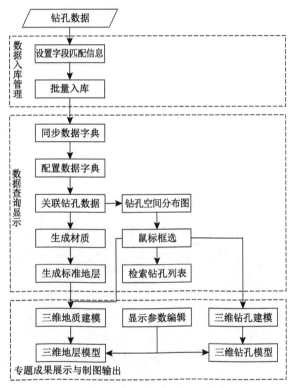

图 2-34　钻孔数据管理过程

钻孔数据的入库同样仅支持批量形式，但由于钻孔数据涉及的专业性较强，入库需要对钻孔信息进行逐一匹配。

钻孔数据入库后，为方便后续建模操作，需要建立相应的钻孔信息数据字典，方便关联钻孔数据表字段与相应的钻孔建模信息（图 2-35）。

同时，支持以自定义数据的方式，由用户手动关联钻孔数据进行二维图形显示，用户只需给出相应的经纬度字段，即可在二维视图上显示钻孔位置信息。

钻孔数据的输出功能主要以三维方式体现，在二维显示的基础上，鼠标框选钻孔信息后,可根据当前钻孔的三维位置及孔口标高等信息,生成三维钻孔模型,在三维视图中显示(图 2-36)。

图 2-35   钻孔信息数据字典

图 2-36   钻孔信息三维模型

通过编辑标准地层信息,在交互选择钻孔数据的基础上,采用以钻孔为主,多级、动态三维地层结构建模方法,建立基于钻孔的三维地层模型。该方法可选择地层精细程度,在建模参数设置后,不需要人工干预,可自动建立模型,模型建立的速度快,可大大减少建模的工作量。同时,系统也支持模型显示和浏览参数的调整(图 2-37)。

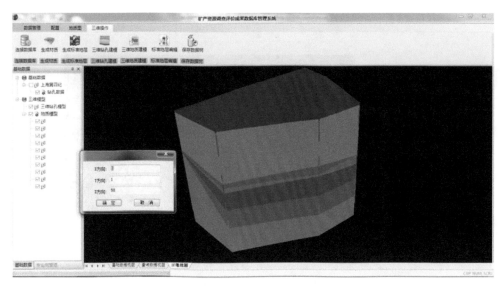

图 3-37　三维地层建模

2. 物化探属性模型展示

物化探属性建模功能支持体数据形式的物化探三维模型的显示，目前仅支持*.vol格式的规则体文件模型。用户导入模型后，可在三维视图中显示立体模型（图 2-38）。

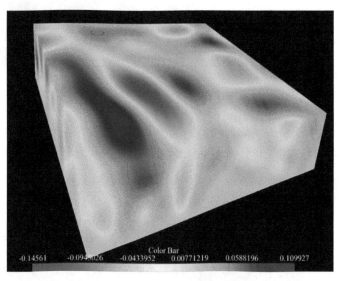

图 2-38　物化探属性模型

系统支持三维模型的交互式浏览，并可根据用户要求，对模型的属性值进行过滤，显示不同条件下的属性信息（图 2-39）。系统提供色表编辑功能，支持用户自定义模型色表，并可调整具体色表中的颜色（图 2-40）。

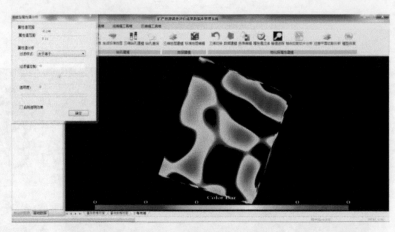

图 2-39　体模型属性值过滤

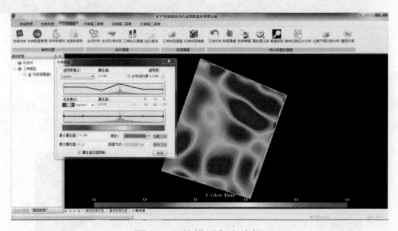

图 2-40　体模型色表编辑

此外，考虑三维模型展示的需要，系统还提供模型的等值追踪和切割功能，可以通过鼠标交互操作，查看模型中任意等值面或切割面的相关信息（图 2-41）。

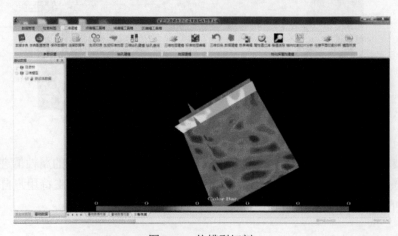

图 2-41　体模型切割

第三节　成矿带地质矿产数据库应用试点示范

为了能更好地满足相关大区及省级开展矿产调查评价成果管理相关单位的需求，全面完善矿产资源地质调查评价成果数据库管理系统，课题组分别在云南省、四川省开展了以省和成矿带为单元的矿产资源调查评价数据库应用试点工作，系统收集、整理了地质大调查项目启动以来，在云南省和攀西钒钛磁铁矿整装勘查区开展的矿产资源调查评价等形成的矿产地、地质工作程度、重力与磁力等物探数据和异常图、化探数据与异常图以及各种比例尺地质图、钻孔等多专业的数据、图件、表格及相关文字资料等信息，利用成矿带地质矿产数据库管理系统进行了各种数据的建库与应用试验，查找、归纳了管理系统存在的部分问题并提出了系统完善的建议。

一、省级矿产资源调查评价数据库应用试点

试点的主要工作内容为以行政省为单位，收集省内已有的矿产地、地质工作程度、重力与磁力等物探数据和异常图、化探数据与异常图，以及各种比例尺地质图、钻孔等多专业矿产资源调查评价成果数据、图件、报告、表格及相关文字资料等信息；利用成矿带地质矿产数据库管理系统开展省内矿产资源调查评价成果数据的建库与应用试验工作，查找、归纳、整理并总结管理系统存在的问题；提出进一步完善成矿带地质矿产数据库管理系统的建议。

试点工作是在熟练使用成矿带地质矿产数据库管理系统功能的基础上，对基础数据和成果资料进行整理分类，以云南省内各类型数据为例，进行试点试用，完成数据的汇总、入库、编图与综合应用。并将数据库管理系统在使用过程中出现的各类问题进行记录并反馈，针对专业应用上存在的不足，提出相关的建议，提交完整的建议报告。

（一）系统测试存在的问题及建议

（1）软件安装好后，进入系统出现了不能打开子图库的提示。

（2）建议增加用户权限管理，不同用户应采用不同的权限。

（3）当数据量变大时，检索速度明显变慢。

（4）专业数据入库模块中是否应该考虑在列表框中增加能源矿产、建筑材料矿产，如煤、大理石等矿产资源。

（5）通过数据导入功能导入的数据信息无法查看，矿产地信息通过数据导入方法虽能成功导入，但查询不到。

（6）在查询到的矿产地信息导出功能中，保存为 Excel 格式只有一种，建议添加多种版本的 Excel 格式。

（7）遥感数据未提供录入接口，建议增加。

（8）系统设计思想为管理大量数据库，但是和已建好的全国数据库（矿产地、工作

程度，化探等）兼容性不好，大部分数据需要加工才方便入库。最好能直接沿用全国数据库字段，方便导入。

（9）钻孔数据管理、浏览较复杂，可以考虑简化。

（10）地质图导入后只根据文件名定位，应考虑增加图幅校验。校验不正确，不能导入。

（11）在项目管理中，项目工作量属性项填写设置有误，工作量和工作精度属性项只能填写数字，设置有误，工作量和工作精度应可以填写单位。

（12）在项目管理中，报告文件导入只能单文件导入，如项目有大量附图，导入过程较慢。建议增加多选操作。

（13）在项目管理中，文件导入不显示 TIFF 格式文档，而 TIFF 文档为常用格式，需要选择其他才能找到文件。

（14）项目信息导入时，需要填写项目编号字段进行匹配，不填写无法导入。

（15）专业数据导入后应提供删除功能。但是在专业数据管理模块中，没有提供删除功能。

（16）在项目管理模块中，"新建项目"应适当加强基础的逻辑查错功能。

（17）在项目管理模块中，导入文档功能可以重复导入相同文档，建议增加检测功能，如果重复，提示已存在。

（18）建议"删除项目"只提供针对整个项目内容的删除。

（19）对于各专业数据，编辑和删除操作较麻烦，如果数据量较大，操作很难实现。建议增加批量删除功能。

（20）钻孔数据只提供导入功能，不可检索、不可编辑、不可删除。建议增加钻孔数据的检索及编辑功能。

（21）已录入的专业信息，要想修改较困难，只提供矿产地、物探异常、化探异常的编辑，没有提供重力、磁力、化探、工作程度、重砂等专业的编辑功能。建议修改编辑功能，可以在检索结果中，加上右键功能"编辑"，弹出编辑对话框，在对话框中直接显示该条记录的属性信息，编辑时，直接修改其中一项或几项属性，修改完直接保存。

（22）钻孔数据导入后，无法查询与修改，建议增加查询及修改功能。

（23）钻孔数据导入，建模功能操作过程太复杂，一般人员难以实现，建议简化。可以参考 3DMine 等软件的钻孔建模功能。

（24）文件检索应直接取消查看视图按钮，建议每一类检索可以设置不同的按键。

（26）矿产地检索，结合实际使用情况，检索要素应该含有工作程度、开发利用状况字段。建议增加"工作程度""开发利用状况"。

（28）在矿产地三维浏览时，如果矿产地较多，浏览起来比较困难，即使放大后，也是大量矿产地叠在一起，无法看清楚。修改为只显示点，鼠标移到点上，显示矿产地名是否要好一点，或者字体大小随放大比例变化。

（30）目录树有设置当前编辑选项，但是没有取消当前编辑选项，如果想取消当前编辑，只能在目录树删除该项目，建议增加取消当前编辑选项。

（31）在制图输出中，左侧查询结果列表中的图层置顶功能单击无效，导致图层位置无法移动。可能在制图显示中造成压盖，影响浏览效果，建议改进。

（32）在自动生成的图例和图面标注中，地质代号注释的右半部分最好向右边倾斜，本软件中基本都出现注释字体左斜的情况，影响美观。

（33）在导出制图成果后，工程文件所包含的图层，只有系统原始存储的基础图层，并无通过查询操作形成的成果图层信息。在综合制图中需要拷贝、手动添加并重新投影，可能会影响到综合制图的效率。

（35）在区编辑里，建议增加弧段删除。

（36）在三维浏览时，遥感影像自动旋转为斜向，地图指向不是正北，没有指北针，自己旋转起来较为困难，且地图显示存在一定的问题，部分地方时常会显示为黑色，无法加载。是否考虑增加一个像 Google Earth 一样的转向调节按钮。

（37）三维钻孔建模和三维地层建模，一次最多选十个钻孔，不太实用。

（38）用户手册中关于数据库配置和数据字典方面该如何操作，叙述的内容较少，建议详细说明。

（39）检索功能需在不勾选目录树情况下进行。勾选目录树后，针对该项目应在用户手册中说明。

（二）反馈及采纳情况

在 2015 年软件完善工作中，及时试用、测试了软件，反馈常见问题的意见建议共39 条。软件各版本测试后都及时将完善意见等反馈给程序研发人员，大部分意见得到采纳，用于软件修改完善，以达到实用化。在此基础上，后续开展了试点应用。

二、成矿带地质矿产数据库应用试点

试点的主要工作内容为以成矿带和省级为单元，收集已有的矿产地、地质工作程度、重力与磁力等物探数据和异常图、化探数据与异常图以及各种比例尺地质图、钻孔等多专业矿产资源调查评价成果数据、图件、报告、表格及相关文字资料等信息；利用已开发的成矿带地质矿产数据库管理系统开展成矿带内矿产资源调查评价成果数据的建库与应用试验工作，查找、归纳、整理并总结管理系统存在的问题；提出进一步完善成矿带地质矿产数据库管理系统的建议。

成矿带试点工作，完成了攀枝花钒钛磁铁矿整装勘查区内已有矿产地、地质工作程度、重力、磁力等物探数据和异常图、化探数据和异常图，以及各种比例尺地质图、钻孔等多专业矿产资源调查评价成果数据、图件、报告、表格及相关文字资料等信息的收集。其中，矿产地采集数据 103 处，相关图件、表格、报告各一份；重磁数据共计 59741 个点，图件数 25 幅，报告及表格数 28 份；化探数据 3795 个点，图件、报告、表格共计 12 份；重砂数据 16196 个点，其他信息 30 份。按系统数据入库要求完成对收集的数据的整理规范，实现整理数据的入库，其中包括矿产地数据 99 处，重磁数据 59741 个点，化探数据 3795 个点，重砂数据 16196 个点，共计数据 79800 余条；完成对该系统三大功能模块中的 43 个小模块的实际操作，完成系统 90%以上的功能测试。形成测试问题中间过程文档，测试问题共计 112 个，并形成相关的建议。

（一）测试系统存在的问题

（1）使用"新建项目"编辑窗口中的"工作量编辑"功能添加工作量时，工作量无法保存。

（2）"新建项目"编辑窗口中的"起始时间"和"结束时间"只能显示年和月，无法显示"日"。

（3）已经整理好的项目信息，无法批量导入。

（4）通过数据导入功能导入的数据信息无法查看。

（5）在检索统计模块中勾选多个项目的情况下，除项目检索外，无法查询出结果；在不勾选的情况下，反而能查询多个项目的矿产地、文件等信息。

（6）"新建项目"编辑窗口中，坐标只能填写一个值。

（7）批量导入数据中的最大值限制，不能满足一般入库需要。

（8）批量导入的数据无法删除。

（9）在专业管理中批量导入功能，单击"完成"后直接弹出，没有进度条和完成是否成功的相关显示。

（10）导入相同矿产地号到不同项目中，只能显示先导入的那条信息。

（11）导入文档中出现重复文档，应该提示该文档已存在，请勿重复添加。

（12）设置范围后基础地质制图输出时，没有相应的进度条显示完成情况。

（13）新建项目、矿产地信息时，新建不成功，未能显示失败原因。

（14）进行切换用户操作时，系统不稳定，易出现系统崩溃的情况。

（15）数据库管理系统中导入的文件在本机文件夹中，并非在 Oracle 数据库，这样其他局域网计算机无法访问已导入文件。

（16）在三维建模中，每次关闭系统后，数据关联需要进行参数设置。

（17）体数据建模无法实施。

（二）测试系统的改进建议

（1）增强系统的稳定性、完整性。

（2）新建信息录入完成后，增加录入成功的提示。当创建失败时，应有相关的错误提示，以便于修改。

（3）导入的文件不能删除，可以在右键添加删除命令。

（4）规定登录修改权限，明确管理员用户与普通查询信息用户的区别。限制普通查询用户的使用权限。

（5）系统出错时，可提供相应的问题日志，以便后期处理修正。

（6）针对首次使用系统的用户，提供数据导入规则的模板，实现下载或在线浏览功能，以提高数据入库的有效性。

（7）导入相同信息时，可提供已存在的相关提示，避免重复录入无效信息，造成对系统资源空间的浪费。

（8）在项目管理模块中，"新建项目"应适当加强基础的逻辑查错功能，如项目起止时间不能晚于该项目信息录入的当前时间，项目开始日期不能晚于项目的结束日期。

（9）应完善三维建模板块功能，保证物化探属性建模功能实施。

（10）在检索统计中对化探异常数据进行检索，要素名选项较多，需要一一选择，应设置全选或全不选功能，以提高查询效率。

（11）完善批量导入功能，提高系统容量，增加最大值上限，允许管理员对批量导入的数据进行修改。

（12）添加项目信息完全相同的项目时，应提示该项目已存在，请勿重复添加。

（13）增加相关数据导入、导出进度提示条，显示完成情况。

（14）提高批量入库数据的边际值大小，以满足大量数据入库需求。

第四节　成矿带地质矿产数据库管理系统推广培训

"成矿带地质矿产数据管理系统"是一套基于 Oracle 数据库和 MapGIS 平台，实现地质矿产多专业空间数据、图件及成果文档集成或分布式建库管理的软件系统。系统研发目标是建立地质调查数据成果通用管理系统，完成以成矿带为单元的地质、矿产、物化探、钻探等多专业、多格式、多比例尺空间数据和图件资料的关联建库、查询、检索、数据更新、专题制图及三维展示。系统主要用于不同层次的地调机构及工业部门的地调成果管理，大学、研究机构已有的各类地质调查数据和成果的集成管理和应用，用于不同层次地质工作部署的综合分析，以及专题制图及成果展示。解决目前地质数据库管理系统的"孤岛"问题。

为满足地质调查多专业成果数据集成管理及综合应用的需求，加强成果推广应用服务，中国地质调查局发展研究中心分别于 2014 年和 2015 年 11 月，在武汉、北京举办了成矿带地质矿产数据库管理系统培训班。来自中国地质调查局大区中心、中国地质科学院和中国地质环境监测院、省级地质调查院信息中心和地质队，以及冶金、有色、煤炭、核工业等部门和地质院校 50 多个单位的 200 多名专家和技术人员参加了培训会。

一、系统推广培训

2014 年 12 月，中国地质调查局发展研究中心在武汉组织了成矿带地质矿产数据库管理系统的培训（图 2-42），全国各省市地调院承担地质调查和矿产勘查相关工作的 46 个单位 73 位技术人员参加。培训进行了矿产调查数据库建设数据标准、文件准备、系统安装及系统基本操作的讲授。通过培训研讨，进一步针对成矿带地质矿产数据库系统在数据管理的便捷性、数据交换的合理性以及数据管理、检索、查询等方面的合理性提出了细化和完善的要求，为数据库系统后续完善工作提供了重要建议。

图 2-42　2014 年成矿带地质矿产数据库管理系统培训现场

　　2015 年 11 月，中国地质调查局发展研究中心在北京举办了成矿带地质矿产数据库管理系统培训班（图 2-43），来自中国地质调查局各大区中心、地科院、省级环境监测院、省级地调机构与信息中心，以及冶金、有色、煤炭、核工业等部门和地质院校 50 多个单位 120 多名专家和技术人员参加了培训会。培训邀请了来自中国地质大学(武汉)、云南省地质科学研究所、四川省地质调查院的软件开发和测试专家，分别对软件系统及矿产地数据管理、分专业地质数据管理、地质图配置及浏览、数据检索、专题制图、成果输出、物化探属性建模和钻孔数据导入及地层建模等模块的功能和操作进行了实际数据操作培训。学员们自带笔记本电脑和专业数据，认真学习并操作了软件各功能模块，初步掌握了软件部署与使用操作。培训达到了预期效果。培训班上，学员们进一步研讨交流了软件应用技术细节，并结合各单位工作需求研讨了软件使用及数据库建设工作。

图 2-43　2015 年成矿带地质矿产数据库管理系统培训交流

二、软件应用效果

软件系统培训和用户使用反馈表明：①地质矿产数据库统一管理系统能够较好地用于不同层次地调机构及工业部门的成果数据和资料管理工作，尤其在有色、武警系统及一些大学和研究机构承担的地质调查项目的数据和成果资料集成管理工作中发挥较好作用，可以较好地解决以往已建地质调查数据库需要多个数据库管理系统软件进行烦琐使用的问题，也就是解决数据库系统"孤岛"问题；②该数据库管理系统正在广泛用于不同层次地质工作部署的综合分析，以及专题制图及成果展示的工作；③软件系统在非标准数据的兼容性方面，还存在一些问题。

第三章 传统填图与数字填图数据整合研究

中国地质调查工作主要使用 MapGIS 平台与 ArcGIS 平台进行数据生产加工、数据变更、数据应用等，在中国地质调查局系统的信息化建设中，大多数数据生产加工建库工作主要在 MapGIS 平台中完成并提交成果。由于基础地质调查开展的工作时期及工作基础不同，其建库工作方法和采用的技术手段也有所不同，形成的地质图空间数据库成果主要有传统填图和数字填图两类。

对于传统填图形成的成果资料，一般采用扫描矢量化方法（参考《数字地质图空间数据库建设工作指南（2.0 版）》）进行建库，称为"回溯性建库"，如全国 1：5 万、1：20 万地质图空间数据库。该指南将一个图幅的地质地理等数据分成若干独立的图层，图层叠加综合构成空间地质图数据。随着信息技术的发展，填图方法在中国地质调查局的推动下发生了根本的变化，2001 年和 2002 年基于数字区域地质调查技术开展了 1：5 万和 1：25 万数字填图试点。至 2003 年，数字地质填图系统（RGMAP，2010 年升级并改名为 DGSInfo 1.0）的研发与推广，使野外数据采集的空间定位及采集方法发生了重大变化，相应的所填图幅的数据库建设也随之改变（李超岭等，2003，2018）。逐渐形成了采用面向对象的数据库模型对空间要素进行定义，采用《数字地质图空间数据库标准（DD 2006—06）》进行 1：5 万图幅地质图数据建库的工作流程，称为"数字填图建库"。

全国 1：5 万区域地质调查获取的是我国重要的中大比例尺基础地质数据，全国已部署安排了 8540 余幅的区域地质调查，获取了丰富的地质信息，在国家级地质数据库中占有举足轻重的地位。截至 2013 年，采用传统填图完成的 1：5 万地质图图幅数据量达 4600 多幅，基于数字填图的图幅也有将近 4000 幅。两种填图的地质图成果由于采用了两种不同的地质图数据库建设方法，所建数据库成果在数据模型、表达方式、数据结构、应用方式等方面差异较大，采用的系统库也不一样，给综合利用带来了不便。因此将不同历史时期完成的地质填图数据进行数据格式整合与综合集成，以建立完整全面的全国 1：5 万区域地质图数据库是社会的广泛需求。

第一节 主要研究内容

一、传统填图与数字填图数据库成果综合集成技术方案

全面收集有关资料，进行系统的分析对比，在进行传统填图和数字填图的工作标准（或指南）以及数据库模型的对比研究基础上，研究传统填图的数据库成果和数字填图成果两种不同数据源形成的地质图空间数据库的整合技术方案，完成传统填图与数字填图

数据库成果综合集成技术方案的编写工作。

二、建立应用模型（整合方案模型）

以回溯性建库和数字填图建库的数据整合方案为依据，根据两种不同数据模型特点，以数字填图数据模型为基础，补充相关内容，完成应用模型的建立。

在建立应用模型过程中，重点解决了以下问题：①数据存储管理；②命名原则；③要素及对象的标识号规则；④地质年代代号与地质体代号编码规则，包括地质年代代号与编码规则、地质体代号与编码规则和上下标的规定；⑤数据项下属词规定；⑥数据项及数据项长度规定；⑦其他约定或解释说明；⑧系统库使用与处理方案；⑨建立回溯性地质图数据库与数字填图关系模型；⑩建立综合应用数据模型等。

三、建立目标系统库

完成建立的目标系统库数量一览表见表 3-1。总共增加建立子图符号、线型、填充图案（花纹）、颜色四项系统库符号 8321 个，其中符号个数为 8276 个，分别为子图符号 5491 个，线型 1323 条，填充图案 1462 个；鉴于数字填图颜色较少，且基本上全部包含于传统填图所采用的颜色，故两个目标系统库的颜色采用相同颜色库，通过对比，目标系统库中的颜色在传统填图所采用的颜色基础上增加 45 种。针对数字填图系统库，补充了 1：20 万地质图、1：20 万水文地质图所采用的系统库，增加颜色 6100 种。

表 3-1　目标系统库数量一览表

系统库名称及命名代号或名称		子图符号/个	线型/条	填充图案/个	颜色/种	总数或总增加数/个
传统填图 5WSlib		4431	413	332	6625	11801
数字填图软件 Slib		2213	218	574	1527	4532
本项目组扩充后的数字填图 TTSlib	总数	4363	654	1031	7627	13675
	增加数	2150	436	457	6100	9143
以传统填图系统库 5WSlib 为基础，新建目标系统库 1	总数	6372	1042	1225	6670	15309
	增加数	1941	629	893	45	3508
以扩展后的数字填图系统库 TTSlib 为基础，新建目标系统库 2	总数	5863	912	1143	6670	14588
	增加数	1400	258	112	5143	6913

（1）以 1：5 万区域地质图数据库所依赖的系统库为基础，采用已有开发的符号相似性识别软件工具，用数字填图的系统库与之对比，找到相同或相似的符号，并加以确认，对确实不同，需要添加的，做好记录，利用符号库管理工具，进行添加，分别完成子图符号、线型、填充图案及颜色共计四个类型的符号或颜色库补充，形成统一的目标系统库 1。

（2）以数字填图地质图数据库所依赖的系统库为基础，采用已有开发的符号相似性识别软件工具，用 1∶5 万区域地质图数据库所依赖的系统库与之对比，找到相同或相似的符号，并加以确认；对确实不同，需要添加的，做好记录，利用符号库管理工具，进行添加，分别完成子图符号、线型、填充图案及颜色共计四个类型的符号或颜色库补充，形成统一的目标系统库 2。

（3）为了使目标系统库更具通用性，系统地分析全国 1∶20 万地质图和 1∶20 万水文地质图所采用的系统，将其与目前制作的目标系统库进行对比，共计补充了 2800 多个子图符号、600 条线型、600 多个填充图案到两个目标系统库中，作为今后数据整合工作的目标系统库。

四、建立源系统库与目标系统库对应关系表

（1）研究并建立了源系统库与目标系统库的对应关系表模型，分别以源系统库（即传统填图 1∶5 万区域地质图数据库所采用的系统库、数字填图所采用的系统库）与上述所形成的两个目标系统库进行对比，对相同或相近的符号进行是否能被采用的确认，定义相关的对应转换关系参数，完成源系统库与目标系统对应关系表的建立，对于子图符号、线型、填充图案及颜色四种类型，每个类型都要建立 1 个关系表，故总共建立了 16 个表供用户选用。

在该工作中，共进行了 8794 个子图符号、1067 条线型、1363 个填充图案分别与目标系统库 1 和目标系统库 2 的符号相似性对比、检查核实和确认工作；进行了 4431 个子图符号、413 条线型、332 个填充图案与 TTSlib 库的符号相似性对比、检查核实和确认工作；进行了 4363 个子图符号、654 条线型、1031 个填充图案与 5WSlib 库的符号相似性对比、检查核实和确认工作。进行了 6625 种颜色的对比检查与核实、补充确认工作。各类型的符号相似性关系表及相关示例内容的格式见表 3-2～表 3-6。

（2）符号相似性关系表的正确性及目标系统库的完整性检验。利用生成系统库符号图例工具，分别生成源系统库的图例，利用本系统转换工具，进行两次转换与核对检查，方法如下：

将 1∶5 万地质图传统填图的系统库图例转换到以数字填图为基础而建立的目标系统库上，通过与图例套合进行检查——浏览查看是否能完全正确转换，对存在的问题及时修改，需要完成子图符号 4431 个、线型 413 条、填充图案 332 个、颜色 6625 种的审查和修改完善工作。

将数字填图的系统库图例转换到以 1∶5 万地质图传统填图的系统库而建立的目标系统库上，通过与图例套合进行检查——浏览查看是否能完全正确转换，对存在的问题及时修改，完成子图符号 4363 个、线型 654 条、填充图案 1031 个、颜色 7627 种的审查和修改完善工作。符号相似性关系表的正确性及目标系统库的完整性检验图示如图 3-1 所示。

表 3-2 传统填图的系统库与目标系统库 1 的子图符号关系表

符号编号	相似符号	目标符号编号	确认	中心上下变化	中心左右变化	角度变化	目标子图高	目标子图宽	目标子图颜色	子图高	子图宽	颜色号	R	G	B	图例符号
							5WSlib_目标系统库 1_Point									
1	1, 1415, 4386, 4529, 4792, 4800	1	-1	0	0	0	1	1		1	1					
2	2	2	-1	0	0	0	1	1		1	1					
3	3, 450, 786, 813, 4283	3	-1	0	0	0	1	1		1	1					
4	4	4	-1	0	0	0	1	1		1	1					
5	5, 445, 547, 726, 3606, 3916, 4578, 5240	5	-1	0	0	0	1	1		1	1					
6	6	6	-1	0	0	0	1	1		1	1					
7	7	7	-1	0	0	0	1	1		1	1					
8	8, 299, 329, 346, 892, 1444, 2379, 2731	8	-1	0	0	0	1	1		1	1					
9	9, 785, 953, 1282, 1314, 2426, 2736, 2796, 2797	9	-1	0	0	0	1	1		1	1					
10	10, 4722	10	-1	0	0	0	1	1		1	1					

表 3-3 数字填图的系统库与目标系统库 1 的子图符号关系表

符号编号	相似符号	目标符号编号	确认	中心上下变化	中心左右变化	角度变化	目标子图高	目标子图宽	目标子图颜色	子图高	子图宽	颜色号	R	G	B	图例符号
							TTSlib_目标系统库 1_Point									
1	105, 207, 437, 622, 691, 709, 952, 1281, 1303, 1304, 2461, 2526, 2656, 2743, 4027, 4212	437	-1	0	0	0	1	1		1	1					
2	105, 207, 437, 622, 691, 709, 952, 1281, 1303, 1304, 2461, 2526, 2656, 2743, 4027, 4212	437	-1	0	0	0	1	1		1	1	1368				

续表

TTSlib_目标系统库 1_Point

符号编号	相似符号	目标符号编号	确认	中心上下变化	中心左右变化	角度变化	目标子图高	目标子图宽	目标子图颜色	子图高	子图宽	颜色号	R	G	B	图例符号
3	147, 442, 612, 1322, 1388	1322	-1	0	0	0	1	1		1	1					
4	147, 442, 612, 1322, 1388	147	-1	0	0	0	1	1		1	1	1368				
5	1325, 1326, 1327, 1328, 1331, 1332, 1335, 1391	1331	-1	0	0	0	1	1		1	1	1368				
6	1324, 1330, 1390	1324	-1	0	0	0	1	1		1	1	1368				
7	1325, 1326, 1327, 1328, 1331, 1332, 1335, 1391	1325	-1	0	0	0	1	1		1	1	1368				

表 3-4 数字填图的系统库与目标系统库 1 的线型关系表

TTSlib_目标系统库 1_Line

符号编号	相似符号	目标符号编号	确认	线型	线颜色	X系数	Y系数	辅助线型	辅助颜色	目标线型	目标线颜色	目标线宽	目标X系数	目标Y系数	目标辅助线型	目标辅助颜色	中心上下位移	线方向对比	图例符号
1-0	1-0, 1-1, 1-3, 2-0, 2-1, 2-2, 2-3, 2-4, 2-5, 2-6, 2-7, 2-8, 10-2, 10-3, 10-5, 10-6, 36-0, 39-0, 39-1, 108-0, 197-0, 210-0, 256-0, 303-0, 316-0, 317-0, 318-0, 319-0, 416-0, 507-0, 602-0	1-0	-1	1	0	1	1	0	1	1	0	1	1	1	0	1	0	0	
2-0	1-0, 1-1, 1-3, 2-0, 2-1, 2-2, 2-3, 2-4, 2-5, 2-6, 2-7, 2-8, 2-9, 10-2, 10-3, 10-5, 10-6, 27-0, 27-1, 27-2, 27-3, 36-0, 39-0, 39-1, 108-0, 109-0, 130-0, 133-0, 134-0, 178-0, 191-0, 197-0, 210-0, 256-0, 303-0, 307-0, 316-0, 317-0, 318-0, 319-0, 416-0, 507-0, 602-0, 730-0, 733-0	2-0	-1	2	0	1	1	1	2	1	2	1	1	12	1	1	0	0	

TTSlib_目标系统库 1_Line

符号编号	相似符号	目标符号编号	确认	线型	线颜色	线宽	X系数	Y系数	辅助线型	辅助颜色	目标线型	目标线颜色	目标线宽	目标X系数	目标Y系数	目标辅助线型	目标辅助颜色	中心上下位移	线方向对比	图例符号
3-4	312-0, 508-0	312-0	-1	3	0	1	1	1	4	2	312	0	1	1	1	0	2	0	0	
4-0	27-6, 33-4, 79-0, 139-0, 180-0, 264-0, 472-0, 498-0, 499-0, 567-0, 606-0, 634-0, 636-0, 675-0, 766-0, 771-0, 800-0	27-6	-1	4	0	1	1	1	0	1	27	0	1	1	1.18	6	1	0	0	

表 3-5　数字填图的系统库与目标系统库 1 的填充图案关系表

TTSlib_目标系统库 1_Reg

ID	符号编号	相似符号	目标符号编号	确认	图案高度	图案宽度	目标图案高度	目标图案宽度	图案颜色	目标图案颜色	RP	GP	BP	图例符号
1	1	288, 697	1146	-1	1	1	1	1		0				
2	2	286	286	-1	1	1	1	1		0				
3	3	287	1147	-1	1	1	1	1		0				
4	4	288, 697	1148	-1	1	1	1	1		0				
5	5		1149	-1	1	1	1	1		0				
6	6	303, 679	1150	-1	1	1	1	1		0				
7	7	288, 697	288	-1	1	1	1	1		0				
8	8	9, 27	9	-1	1	1	1	1		0				
9	9	9, 27	9	-1	1	1	1	1		0				
10	10		1151	-1	1	1	1	1		0				
11	11		1152	-1	1	1	1	1		0				
12	12	116, 120, 122, 151, 289, 767, 976, 1007	116	-1	1	1	1	1		0				

续表

TTSlib_目标系统库 1_Reg

ID	符号编号	相似符号	目标符号编号	确认	图案高度	图案宽度	目标图案高度	目标图案宽度	图案颜色	目标图案颜色	RP	GP	BP	图例符号
13	13	116, 120, 122, 127, 151, 289, 767, 976, 1007	289	-1	1	1	1	1	0	0				
14	14	116, 120, 122, 127, 151, 289, 767, 976, 1007	151	-1	1	1	1	1	0	0				

表 3-6 数字填图的系统库与目标系统库 1 的颜色关系表

TTSlib_目标系统库 1_Color

ID	原库颜色号	相似颜色号	目标颜色号	确认	RGB_R	RGB_G	RGB_B	RGB	KCMY	目标 KCMY	目标 RGB	相似性/%	备注
1	1		1	-1	0	0	0	0 0 0	100 0 0 0	100 0 0 0	0 0 0	100	0
2	2		2	-1	0	255	255	0 255 255	0 100 0 0	0 100 0 0	0 255 255	100	0
3	3		3	-1	255	0	255	255 0 255	0 0 100 0	0 0 100 0	255 0 255	100	0
4	4		4	-1	255	255	0	255 255 0	0 0 0 100	0 0 0 100	255 255 0	100	0
5	5		5	-1	0	0	255	0 0 255	0 100 100 0	0 100 100 0	0 0 255	100	0
1456	1456	1456	6654	-1	177	0	0	177 0 0	31 0 100 100	31 0 100 100	176 0 0	99.22	2
1457	1457	1457	6656	-1	164	0	0	164 0 0	36 0 100 100	35 0 100 100	165 0 0	99.22	2

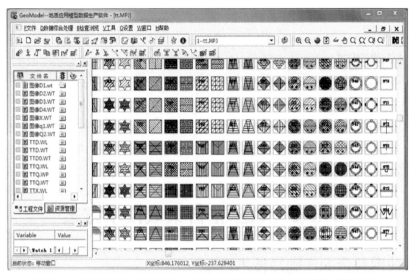

图 3-1　符号相似性关系表的正确性及目标系统库的完整性检验图示

五、数据综合、集成的转换软件工具开发

依据转换技术方案开发数据综合、集成的转换软件工具，完成总体框架的构建、传统填图的数据向目标应用模型数据转换的工具开发、数字填图的数据向目标应用模型数据转换的工具开发等，并完成软件的集成工作，主要工作量如下。

一是基于应用模型及开发方案，构建了系统的总体架构。

二是实现了文件管理、数据综合处理、检查浏览、工具、设置、窗口、帮助共七个子模块系统功能开发，除一些常用的功能从其他软件中移植到该系统外，实现的新添加开发功能共计 20 多个，并实现了主要工具功能的定制。

（1）在文件管理中，实现了新建工程、打开工程、批量添加文件到工程、装入光栅、光栅求反、清除光栅、退出系统等功能。

（2）在数据综合处理模块中，将实现一键转换功能，即功能集成了：①建立数据系统库的转换库；②数据所依赖的源系统库向目标系统库换库转换（包括符号颜色、编号、大小、角度等参数的转换等）；③图层数据的合并或分离；④图层命名、结构命名、数据存储和组织等格式的转换；⑤对 MDB 格式保存的对象、综合要素类等外挂属性的处理；⑥图层要素属性的调整和完善；⑦地质代码上下标等自动按规定格式转换；⑧数字或西文代码转换为中文文字等。提供了包括设置系统库对照关系表、回溯性→应用模型转换、数字填图→应用模型转换、整理要素类标识 Ferture_ID、投影转换等功能程序，为了方便用户在其他项目中使用该软件，还设计开发了仅进行系统库换库而不改变原数据模型的转换工具。

（3）在检查浏览模块中，集成提供转换前后数据质量检查工具、属性浏览工具，针对数字填图数据专门开发的数据检查功能等。

（4）在辅助工具中，已集成开发了工具栏管理、系统库管理、记事本工具、Windows

浏览器等功能。

六、软件测试

利用不同时期部分建库数据，进行数据转换及综合集成试验，完成随机抽取的 25 幅 1∶5 万和 1∶25 万地质图成果数据的整合试验，其中完成了传统填图 10 幅、数字填 图 15 幅的数据转换测试工作，整合成果解决了传统填图和数字填图中存在的冲突和不统 一的诸多问题，使表达和属性内容达到了统一。

第二节　数据整合集成技术方案

一、数据整合的原则及技术方案

鉴于目前分别基于两个标准完成的数据在数据模型、表达方式、数据结构、应用方 式等方面差异较大，不同阶段完成的区域地质图空间数据的集成应用尚未实现，因此需 要在应用层面研究建立不同阶段数据库成果整合方案，开发便捷的数据转换与应用工具， 在依据应用需求的前提下进行两类数据按应用模型转换。

基于历史原因和技术发展，通过对比基于两个建库标准完成的空间数据库在数据模 型、格式、表达方式、命名存储等方面的异同，发现它们在数据组织、应用方面各有利 弊，因此基于不同建库标准完成的成果数据集成整合不能简单地将一种数据转换为另外 一种数据。数据的整合必须要做到立足当前，着眼长远，数据的整合与集成应以应用为 目标，既要满足不同标准数据在各自统一环境下的管理与应用，又要支持两种不同建库 标准数据的集成应用，最大限度保留数据涵盖的信息，整合后的数据应用要便捷易懂， 采取求同存异的原则。由于传统填图标准建库数据的许多数据项是以数据代码录入的， 而在数字填图中则以中文汉字录入，极个别以代码录入，故在转换中原则上要求将代码 转换为中文汉字，确实需要代码和中文汉字并存的，则添加一个存放中文汉字的数据项。 经研究，制定具体的方案如下。

（1）建立统一的系统管理平台实现对不同阶段完成的数据库成果集成管理，以应用 需求为目标建立不同标准数据的整合转换方案。

（2）以传统填图回溯性建库和数字填图数据库两个建库标准规定的数据模型为基 础，根据两种不同数据模型特点，以数字填图数据模型为基础，补充相关内容，将数字 填图成果数据库与回溯性地质图空间数据库的属性结构进行综合生成一套新的应用模 型。分别建立原标准数据模型与应用模型的对应关系和解决方案。

地质内容数据项命名、长度以《数字地质图空间数据库建设工作指南（2.0 版）》规 定的数据模型为基础，扩充回溯性地质图数据库中重要的数据项，扩充不能满足需要的 数据项长度，兼容原有的两个标准的数据。对于《数字地质图空间数据库建设工作指南 （2.0 版）》中没有包含的要素图层，补充到应用模型。

地理部分属性数据项参照原国家测绘地理信息中心相关标准的数据结构定义，根据已有数据情况适当修改。图层命名按原国家测绘地理信息中心相关标准定义。

（3）确定主要地质内容图层数据（包括断层图层）的合并或分离，并对合并或分离后的数据重新建立拓扑关系，挂接（补充）相应的属性内容。

对于传统填图进行回溯性建库的数据，全部要素均需补充要素标识号，大多数要素需要补充要素分类，除此之外，不同要素的处理方法情况如下。

参加拓扑的沉积地层单位、火山沉积地层单位、变质岩系地层单位、非正式地层单位、侵入岩年代单位、侵入岩谱系单位、脉岩、构造变形带（经变形已变成新的实体）、水体图层除单独根据应用模型分别转换外，将合并生成统一的_GeoPolygon，并提取相关信息内容到地质体面实体类型代码、地质体面实体名称、地质体面实体时代、子类型标识等数据项中，根据地层符号等提取地质体面实体时代数据项内容，根据图层名称补充子类型标识信息，根据水体信息获取水体名称或水体代码名称到地质面实体名称数据项中。

交通图层分离为铁路和公路两个图层。

地质界线要素按模型转换后，将自动补充地质界线左右两边的地质体代号、地质界线类型（填中文名称）等信息。

断层界线要素按模型转换后，将自动补充地质界线上盘和下盘的地质体代号、断层的性质（根据 GZEE 数据项填中文名称）、断层编号（对没有给定编号的，计算机自动赋予编号，以 FF+序号表示，以示区别）等信息。

构造变形带按模型转换后，将自动补充变形带代码项等信息。

蚀变带按模型转换后，将自动根据蚀变带类型代码补充蚀变带类型名称代码等信息。由于部分省份的数据由多种蚀变组成，其蚀变类型名称长度由 20 字符扩展到 50。

混合岩带要素转换后，原混合岩化带类型除保留代码放入混合岩化类型代码数据项外，将转换为中文名称放入混合岩化带类型数据项中。

矿产地要素转换后，将保留矿产代码，并增加矿产名称数据项及补充相关内容。

产状要素转换后，将保留产状类型代码，并增加产状类型名称数据项及补充相关内容。

对数字填图成果数据库，基于_GeoPolygon 中子类型码对沉积地层单位、火山沉积地层单位、变质岩系地层单位、非正式地层单位、侵入岩年代单位、侵入岩谱系单位、脉岩（区）、构造变形带、水体等要素类进行分离，并挂接在对象要素类数据集属性等，保留原_GeoPolygon 要素类。

数字填图成果数据库断层图元提取，形成断层图层。根据图元属性将同一属性的断层连接为一个空间实体，并与对象类中的属性数据进行关联，检查断层与地质界线、地质体的拓扑一致性。增加剖面线图层与相应属性内容，其属性结构数据项定义按传统填图的定义，但数据项代码按数字填图的命名要求重新命名。

其他综合要素类、独立要素类保留原状态。

（4）按应用数据模型重新整理或关联相应属性，确定要素及对象的标识号规则、地质年代代号与地质体代号编码规则、上下标的规定、数据项下属词规定、数据项及数据项长度规定、属性数据项代码或汉字表达规定，对重要的属性内容的补充方案（如地质界线左右地质体代号、断层界面左右地质体代码等）。

要素及对象的标识号规则应按《数字地质图空间数据库建设工作指南（2.0 版）》重新厘定 Feature_ID，确保不同图幅图元空间唯一标识。

在数字填图数据库中，如果代码中包括上下标，在计算机系统中录入时还须遵循下列规则："\$"表示上标，"@"表示下标，每个标识只对紧邻的后一个字母或标识有效；若该标识紧邻的后一个是标识，则构成组合标识，该组合标识再对紧邻的后一个字母或标识有效，以此类推。任意上标或下标个数可以随意组合，比如"\$\$"表示上标的上标，"\$@"表示上标的下标，如莲沱组下亚组：Z_1l^1 表示为 Z@1l\$1；郑家屯组：$Jx\hat{z}$ 则表示为 Jxz^。在传统建库中，上下标填写要求为上标用↑表示，下标用↓表示，还原用→表示，如 $Ar_3Pt_1Da^1$ 表示为 Ar↓3→Pt↓1→Da↑1，$J_3\hat{z}$ 则表示为 J↓3→z^（^用半角符号）。

经研究，数字填图中有上下标时频繁重复输入上下标的定义符"\$"或"@"，造成符号串很长，阅读不便，故为了方便应用，应用模型建议地质代号及其他数据项上下标表示时统一采用传统建库中的表示方法，即上标用↑表示，下标用↓表示，还原用→表示，这与传统填图的 1：20 万、1：50 万地质图空间数据库的上下标表示方法也一致。

地质体代号编码规则如下：

数据项下属词规定：按统一的代码标准对属性数据中代码转换为汉字描述。多个代码间隔符与对应关系保留原数据模式，适用半角","和"-"连接。

数据项及数据项长度规定：数据项名称以《数字地质图空间数据库建设工作指南（2.0版）》为基础进行扩充，长度取最大长度，对个别长度不够的进行扩充。

数据项对应关系：根据数据项定义建立数据项对应关系表。

对重要的属性内容的补充方案：在回溯性地质图数据地质界线图层中补充两侧地质体代号、断层界线补充上下盘地质体代号、综合地质体图层补充基本地质属性。

（5）按应用数据模型进行代码标准的统一，确定代码与描述性汉字的互相转换方案。回溯性地质图中属性数据项统一为汉字表达，个别因数字填图中存在相同的数据项，且为代码，故仍会有一个代码数据项同时存在。

（6）数据系统库与投影方式的统一与转换。

以回溯性 1：5 万区域地质图空间数据库系统库为基础，补充数字填图成果数据系统库内容，并补充全国1：20万区域地质图、水文地质图空间数据库等相关系统库内容，建立全国统一系统库（存放该系统库目录命名为目标系统库 1）。

分别建立回溯性地质图与数字填图空间数据库的系统库与全国统一系统库的对应关系，包括符号形状、编号、大小、角度等参数，基于此实现对空间数据库符号库转换。

空间数据库投影统一为高斯（北京、西安）投影与经纬度投影。高斯投影数据坐标单位为 km，比例尺为 1：1，经纬度投影坐标单位为度。

根据工作的需要，以数字填图的系统库为基础，补充全国 1：20 万区域地质图、水文地质图空间数据库等相关系统库内容，补充了 1：5 万地质图空间数据库所采用的系统库内容，形成全国统一目标系统库（存放该系统库目录命名为目标系统库 2），以方便今后的应用。

两个目标系统库均可使用，但为了统一，建议本次整合数据时优先选择前者。

（7）数据存储和组织、图层命名、元数据库命名规则的统一和转换。

数据组织以图幅为单元，图层命名以《数字地质图空间数据库建设工作指南（2.0版）》为基础，补充回溯性地质图数据库中断层图层、剖面线、第四系等厚线、第四系盖层、第四系接触界线等图层命名，统一按图幅号命名工程名以及元数据库名。

对于辅助的图内整饰和图外整饰等图层命名，在回溯性数据库中应去掉图幅标识及比例尺代码，即图层命名去掉2～5位的编码，并在每个图层中由程序自动添加Feature_ID数据项，并补充相关内容，在该数据项中会包含图幅代码及序号。

（8）由于涉及整合的内容多且复杂，为了保证统一和确保整合质量，需要开发辅助的整合工具，实现基于不同标准数据整合的自动转换。

二、数据整合技术流程

（一）数据收集

从资料验收部门收集数字填图或传统填图完成的成果数据、原始数据，检查内容完整性，对存在缺漏问题的，从数据库建库单位收集补充相关数据与资料。

（二）数据的检查与整理

依据《地质数据质量检查与评价》（DZ/T 0268—2014）标准对数据进行检查，可利用 DGSInfo、GeoMap、GeoCheck 及数据整合转换工具（地质应用模型数据生产软件 GeoModel）等进行检查，对存在的问题修改整理并记录。

1. 数字填图的成果数据

对数字填图的成果数据，利用 DGSInfo 和转换工具，重点检查和更正以下几方面的内容：①地质界线属性；②属性结构；③属性结构及图层名标准化；④检查更正与空间属性的对应关系及完整性，包括基本要素类、综合要素类、对象类的检查与更正；⑤检查图例与属性的对应关系；⑥单文件拓扑关系；⑦单文件伪结点；⑧工程文件说明；⑨属性内容；⑩水系方向。

2. 传统填图的成果数据

对数字填图的成果数据，利用 GeoMAP、GeoCheck 和转换工具，重点检查和更正以下几方面的内容：①界线（尤其靠近内图框部分）的矢量化精度；②属性结构；③多余弧段；④共边界线的套合一致性；⑤参与造区的图层拓扑一致性；⑥单文件拓扑关系；⑦单文件伪结点；⑧自相交线、Z字形线、坐标重叠、图元重复等；⑨属性内容。

（三）数据转换

根据回溯性地质图数据库与数字填图地质图数据库整合方案，建立应用数据模型，利用整合工具分步骤开展数据转换。

（四）整合后成果数据质量检查

对转换后的数据进行综合检查，检查数据完整性、代码一致性、符号化表达一致性、属性结构及内容准确性、拓扑关系与线弧套合一致性、分离或合并图层的图元完整和正确性、属性翻译和属性组织的准确性、文件组织与命名规范性、数据字段长度的合理性等。

除此之外，还需要采用本系统提供的图例生成工具，生成点图例、线图例、面图例，再利用本系统的换库处理工具，转换图例，检查图例转换后是否正确，及时处理不正确的参数，保证转换前与转换后数据图形参数的正确。

（五）成果数据整理与提交

按整合方案要求组织成果数据、相关整合记录与质量监控文档等，编写整合报告，提交验收。

（六）数据库集成与管理

数据整合技术流程与方法如图 3-2 所示。

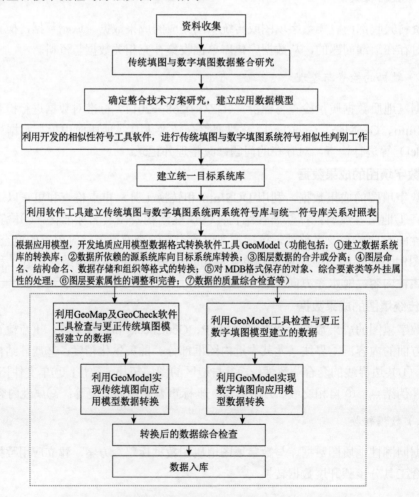

图 3-2 传统填图地质图数据与数字填图数据整合技术流程

三、数据整合技术方法

根据工作任务要求及工作内容，划分相应的工作小组，主要有系统库关联研究小组、数据模型研究及软件开发小组、成果数据集成处理小组等。各小组各司其职，在横向上相互间进行业务沟通支持，在纵向上与中国地质调查局发展研究中心保持密切联系，并接受其监督和技术指导。

深入研究转换方法，力求做到高度自动化，尽量减少人工干预。

对照支持回溯性地质图空间数据库的系统库和支持数字填图应用平台的系统库，研究建立两个数据模型所使用的系统库的关联关系，为数据转换打下基础。

以 MapGIS 6.7 为空间数据基础平台，以《数字地质图空间数据库建设工作指南（2.0版）》、《1：5万区域地质图空间数据库（分省）建设实施细则》（不同的版本）和中国地质调查局地质调查技术标准《数字地质图空间数据库》（DD 2006—06）中的数据模型为研究对象，以其相应的数据为基础数据，开展回溯性地质图空间数据库和数字地质调查成果数据不同数据源和格式的整合方案研究工作，通过软件的深入开发，继续开展针对两类数据源数据库空间数据表达、数据格式、数据内容、图示图例与系统库之间的详细差异，两种模型中所存在的各种语法和语义上的冲突的研究工作，完善已制定的一套可兼容传统填图和数字填图数据库的整合应用数据模型，完善传统填图与数字填图数据库成果综合集成技术方案。

对一些特殊的内容，如语义上存在明显的不同，需把处理方案上报确认后再实施。

开展数据转换软件工具的研制工作，用 Microsoft Visual C++ 6.0 + MapGIS 6.7 开发数据集成的转换软件，编程实现各项转换功能，主要工作包括：

（1）系统库的符号相似性判别工作。采用系统库符号相似性识别软件工具，实现源系统库与目标系统库的相似性识别工作，建立系统库之间的关系表，为换库处理打下基础。

（2）开展系统库转换到目标系统库的软件研发工作，实现系统库的换库处理。

（3）开展有关数据按应用数据模型的转换软件研发工作，内容包括图层数据的合并或分离、属性内容的转换等，涉及的工作内容有：①需重新建立空间数据的拓扑关系；②需要在合并前和合并后或分离前和分离后检查空间拓扑关系是否正确，对不正确的还需要提供工具软件进行处理；③需要按应用数据模型重新整理或建立相应属性，包括属性内容的表达（如上下标等）、属性内容的补充（如地质界线左右地质体代号、断层界面左右地质体代码等）；④按应用数据模型进行标准代码与描述汉字的互相转换。

（4）开发图层命名、数据结构命名、数据存储和组织等格式的自动转换和生成功能模块。

（5）对数字填图数据模型，还需要对以 MDB 格式保存的对象类、综合对象类等相关外挂属性内容进行属性挂接处理，故需研发自动属性挂接处理软件工具，并需提供对原属性内容的检查与处理功能等。

（6）根据整合方案制定数据转换工具，以减少数据损失为目标进行数据转换工作。

四、特殊问题的处理方法

有两个需要特殊处理的问题，要谨慎处理。

一是地质或地理要素图层归并的问题。

传统填图数据的铁路及公路要素均归于交通图层 LE△△△03J.WL，数字填图中是以两个图层 RAILK.WL、ROALK.WL 分别进行管理的，因此，对传统填图数据开发程序时需根据属性内容进行图层分离。

传统的填图数据，特别是 2006 年以前完成的数据，个别会存在拓扑的问题，会影响合并区的操作，因此在开发软件中，进行区合并时需要检查参加拓扑造区的多图层数据拓扑关系是否正确，对于错误较少，问题不严重，能直接采用程序自动修改正确的，则转换时及时进行修改，记录错误信息，并进行合并；但对于错误较多，不能直接采用程序自动修改正确的，则不进行合并，只记录错误信息，如图 3-3 所示。合并后的地质体面实体按数字填图的命名为_GeoPolygon.WP。

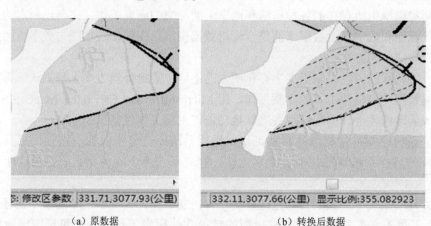

（a）原数据 　　　　　　　　　（b）转换后数据

图 3-3　数据中原图形参数定义存在错误造成的转换问题（如右图出现的填图图案）

如转换后个别图层出现拓扑错乱，主要原因是原数据存在拓扑问题，需要先进行拓扑重建，修改存在的拓扑问题，然后再进行转换。

颜色号 0 在 MapGIS 颜色表中是不存在的，但 MapGIS 系统常默认线型的辅助颜色号为 0，因此，转换时会提示已将该类颜色号为 0 的按颜色号为 1 转换，对于此类问题，需要对原数据的图形参数进行修改。

数字填图的颜色库绝大部分包含传统填图（1∶5 万地质图数据库）所采用的颜色库，而传统填图的颜色库有许多在数字填图中无法找到相近的，见图 3-4，因此需要以传统填图的颜色为基础，补充数字填图中个别未包含的颜色，形成统一的目标颜色库。

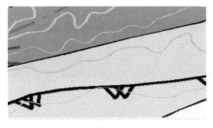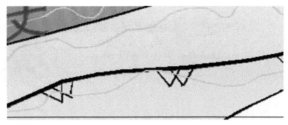

(a) 原数据　　　　　　　　　　　　　　　(b) 转换后数据

图 3-4　数据中颜色参数无法找到对应造成的转换问题（如中间图元的颜色转换不正确）

需要注意的是，工程中插入的 MSI 图像文件是不能转换的，只能单独拷贝该文件。

二是统一系统库的建立问题。

传统填图及数字填图所建立的地质图数据库分别依赖于两个不同的系统库文件。经调查，由于由全国不同单位完成，在建库过程中存在由建库单位自行增加的系统符号，这样在应用时采用默认的系统库会存在图形表达不准确的现象。因此，必须理顺原数字填图的系统库。为实现两种不同标准建立的数据库能整合在同一系统平台、使用同一个系统库，必须建立统一的系统库。

为此，依托《区域地质图图例（1∶50000）》（GB 958—99）图示图例规范，以数字填图的系统库为基础，系统补充全国 1∶20 万地质图、1∶20 万水文地质图所采用的系统库未包含的子图符号、线型、填充图案、颜色等，形成数字填图新系统库（TTSlib），方便今后的利用。分别以 1∶5 万传统填图数据库的系统库（5WSlib）及数字填图数据库的系统库（TTSlib）为基础，通过系统库符号相似性识别软件工具，补充未包含的子图符号、线型、填充图案、颜色等，制作统一的目标系统库 1 和目标系统库 2。

目标系统库 1 是以 1∶5 万区域地质图数据库建设所采用的系统库为基础，增加已扩展后的数字填图建库所采用系统库中在 5WSlib 中未包括的相关子图符号、线型、填充图案、颜色等。目标系统库 2 是以已扩展后的数字填图系统库为基础，增加 1∶5 万区域地质图数据库建设所采用的系统库在 TTSlib 中未包括的相关子图符号、线型、填充图案、颜色等。

完成系统库建设工作的具体方法如下。

（1）采用符号相似性判别软件工具 MapSymbolLib 进行系统库之间的符号相似性识别，以提高符号相似性对比的效率（图 3-5）。符号相似性识别工具可以对两个系统库的子图符号、线型、填充图案等自动进行对比，并找到相似的子图符号、线型、填充图案等，保存相关信息到符号关系库 Symbol.mdb 的相应关系表中。为保证所建立的关系表内容正确，必须采用工具提供的人机交互图形对比界面，进行最优选择确认。如果所找到的相似符号不能利用，包括缩放、旋转后都不相同，或工具软件未找到匹配的子图符号、线型以及填充图案，则必须采用工具提供系统库管理功能，浏览寻找相似符号，找到后手工输入到关系表中，确实找不到相似符号的，则在目标系统库中添加该符号，并补充建立它们的对应关系。

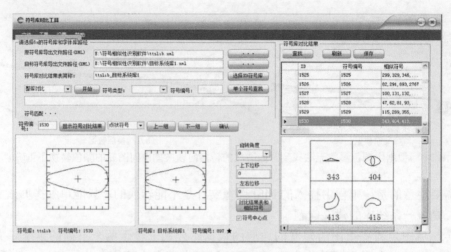

图 3-5　MapSymbolLib 工具软件子图对比界面

（2）对比完成后使用数据库模型转换软件 GeoModel 及对应关系表 Symbol.mdb 对原系统库的所有子图符号、线型、填充花纹进行换库，进行检查后更正有误的符号对应关系，以便及时发现问题，及时纠正错误（图 3-6）。

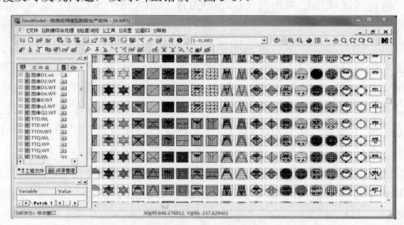

图 3-6　对原系统库与根据 Symbol.mdb 规则换库后进行对比

左列为原符号，右列为转换后符号

（3）TTSlib 中矿产多为固定颜色，5WSlib 中矿产符号为可变颜色，如图 3-7 所示。

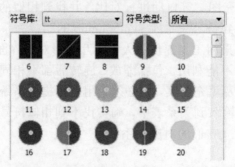

图 3-7　数字填图采用的系统库（TTSlib）矿产符号图示

处理方法是将 TTSlib 固定颜色矿产匹配到 5WSlib 中可变颜色矿产符号，并且设置好相应符号颜色，转换系统库时直接转换成设定的颜色，以达到转换前后子图符号一致的效果，也避免增加过多的矿产符号到目标库中。

（4）对形状相似的子图符号、线型、填充图案做缩放、偏移处理，如图 3-8 所示。

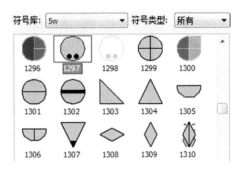

图 3-8 传统填图采用的系统库（5WSlib）矿产符号图示

（5）在对系统库匹配颜色时，对程序计算出来的相似度为 95% 及以上的两个颜色做相同处理；对相似度 85%～95% 的颜色进行人工判别；对 85% 以下的颜色做添加处理，见图 3-9。

目标KCMY	目标RGB	相似度	备注
70 100 0 0	0 76 76	99.22%	2
75 100 0 0	0 63 63	100%	0
81 100 0 0	0 49 49	99.22%	2
81 100 0 0	0 49 49	94.51%	14
0 91 91 91	22 22 22	90.98 %	23
0 96 96 96	9 10 10	96.08%	10

图 3-9 颜色匹配计算表和处理图示

五、系统符号对比

通过上述系统目标库的建立，形成了以下系统符号的对比成果。

（1）对比完成了 5WSlib 到 TTSlib 系统库之间对比关系表：对比了 5WSlib 与 TTSlib 的 5419 到 4363 个子图符号、899 到 652 条线型、1315 到 1031 个填充图案、6625 到 7627 种颜色之间的匹配关系，匹配不到的 953 个子图、142 条线型、90 个填充图案、45 种颜色，均添加到目标系统库 1 中（图 3-10）。

（2）对比完成了 TTSlib 到 5WSlib 系统库之间对比关系表：对比了 TTSlib 与 5WSlib 的 4363 到 5419 个子图符号、652 到 899 条线型、1031 到 1315 个填充图案、7627 到 6625 种颜色之间的匹配关系，匹配不到的 1500 个子图符号、254 条线型、112 个填充图案、45 种颜色，均添加到目标系统库 2 中（图 3-11）。

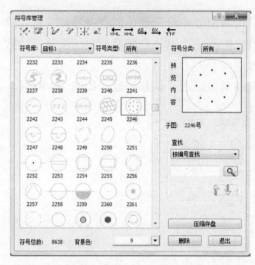

图 3-10 制图目标系统库 1 的符号库管理界面   图 3-11 制图目标系统库 2 的符号库管理界面

（3）完成了目标系统库 1：包含子图符号 6372 个、线型 1041 条、填充图案 1225 个、颜色 6670 种。

（4）完成了目标系统库 2：包含子图符号 5863 个、线型 906 条、填充图案 1143 个、颜色 6670 种。

六、应用模型建立

以数字填图数据模型为基础，补充相关内容，将数字填图成果数据库与回溯性地质图空间数据库的属性结构进行综合生成一套新的应用模型。根据实际的数据示范应用及时调整应用模型中的一些内容，使之完整、正确。主要更改与调整的方面如下所示。

（1）构造变形带图层在《数字地质图空间数据库标准》（DD 2006－06）及数字填图系统原型模型库的构造变形带的形成时代数据项名称代码 EAR 有误，应该改为 ERA。变形带组构特征数据项 Fabric_Character 类型长度不够，由 C250 改为 C320。

（2）围岩蚀变带（面）图层_Alteration_Polygon 中被蚀变地质体代号数据项长度原为 C20，由于有部分建库单位（如湖南省）的围岩蚀变由多个蚀变组成，故需要扩充数据长度，改为 C50。蚀变矿物组合及含量数据项 Mineral_Association 类型长度由 C250 改为 C320。早期版本的数据，该数据项名为 Association，名称不正确，应该更改为 Mineral_Association。

（3）沉积（火山）岩岩石地层单位图层_Strata 中岩石组合主体颜色数据项长度不够，原定义的长度为 C100，现需要改为 C250。地层单位名称 Strata_Name 数据项长度为 C60（见"晚侏罗世第三阶段第三次（中）细粒（含斑）黑云母二长花岗岩"），现需要改为 C80；岩层主要沉积构造 Sedi_Structure 数据项类型长度由 C250 改为 C254；生物化石带或生物组合 Assemblage_Zone 数据项类型长度由 C250 改为 C500。

（4）变质岩地（岩）层单位图层_Metamorphic 岩石名称（岩性）数据项 Rock_Name 长度与数字填图系统使用不一致，在《数字地质图空间数据库标准》（DD 2006—06）中，该项长度为 C100，在数字填图中为 C250；岩石构造代码符号在原数据中有误，为 Rock_Stracture，应该是 Rock_Structure。岩石颜色 Color 数据项长度不够，原为 C30，现须改为 C200；主要矿物及含量 Primary_Mineral 数据项长度不够，原为 C200，现须改为 C500；矿物组合及含量 Association 数据项长度不够，原为 C100，现须改为 C500；岩层厚度 Thickness 数据项在《数字地质图空间数据库标准》（DD 2006—06）中长度定为 C10，数字填图采用 C40，故模型应该采用 C40。

（5）非正式地层单位图层_Inf_Strata 中非正式地层单位代码项在《数字地质图空间数据库标准》（DD 2006—06）中书写有误，原为 Inf_Strato_Code，现须改为 Inf_Strata_Code；所含生物化石带或生物组合在《数字地质图空间数据库标准》（DD 2006—06）中为 Fossial_Assemblage，不正确，现须改为 Fossil_Assemblage。

（6）图幅基本信息图层_Sheet_Mapinfo 中数据采集日期数据项代码在数字填图系统 2007 年以前的版本中有误，原 2007 版书写为 Digitial_Date，须改为 Digital_Date；资料来源 Data_Origin 数据项长度不能满足需求，原类型长度为 C90，现须改为 C250。

（7）独立要素类图切剖图点原名称为 Cutting_Profile_Pnt，据资料汇交要求及建库指南等应改为 Map_Profile_Pnt；图切剖图线原名称为 Cutting_Profile_Linet，据资料汇交要求及建库指南等应改为 Map_Profile_Line；图切剖图面原名称为 Cutting_Profile_Reg，据资料汇交要求及建库指南等应改为 Map_Profile_Reg。

（8）交通图层中铁路、公路名称字段 Name 数据项长度不够，须由 C40 改为 C60。

（9）侵入岩年代单位_Intru_Litho_Chrono 中岩体填图单位名称数据项 Intru_Body_Name 长度不够，原为 C60，现须改为 C80，形成时代 Era 长度原为 C30，须改为 C60。

（10）侵入岩谱系单位图层_Intru_Pedigree 的主要矿物及含量数据项 Primary_Mineral、次要矿物及含量数据项 Secondary_Mineral 在数字填图中类型长度采用了 C100，而《数字地质图空间数据库标准》（DD 2006—06）定为 C200，应该采用 C200。形成时代 Era 长度原为 C30，须改为 C60。

（11）矿床（点）规模数据项 Deposite_Size、矿石品位数据项 Ore_Grade 在数字填图中是描述性的，且对每一个矿种进行描述，故原类型长度定义为 C100，长度不够，须改为 C200。

（12）化石采样点图层_Fossil 中化石样品编号数据项 Sample_Code 类型长度由 C20 改为 C40；化石属或种名数据项 Genus_Species 由 C200 改为 C500。

（13）同位素年龄图层_Isotope 中样品编号 Sample_Code 类型长度由 C30 改为 C50。

（14）地质面实体图层_GeoPolygon 中地质面实体名称数据项 Geobody_Name 类型长度由 C50 改为 C100。

（15）地理图层中行政区的代码数据项并不是 GB，共有四个名称：PAC、CNTY_CODE、DIST_CODE、PROV_CODE，故需要程序判别后均转到 GB 字段中。

第三节 数据转换工具 GeoModel 设计与实现

一、转换工具设计

（一）开发原则

（1）基于 MapGIS 6.7 的数据格式。

（2）采用源符号库与目标符号库相似性符号识别工具，采用自动识别及人机交互确认所识别符号；通过编程实现数据所依赖的源系统库向目标系统库转换。

（3）数据转换工作基本上采用自动化处理技术，主要包括应用目标层的自动建立（包括命名、图层结构、投影参数等）、源数据格式自动转换到目标层数据格式（包括符号库换库、参数的自动匹配、属性内容的继承与代码转换为汉字、不同引用标准的代码之间转换、数据项中上下标定义按应用模型的转换、数字填图数据按子类分离与挂接对象类属性、传统填图数据在地质界线及断层图层中补充左右地质体代码等）。

（4）提供成果转换后的数据检查工具，用于转换前后数据的检查与处理工作。

（5）对于源数据存在的问题，需要人工干预，或采用所提供的数据检查与处理工具进行检查与处理，以达到数据转换的需要。

（二）开发模式

因为传统的瀑布型开发流程存在问题较多，主要体现在需求或设计中的错误只有到了项目后期才能够被发现，往往是经过系统测试之后，才能确定该设计是否能够真正满足系统需求。因此采用迭代化开发流程替换传统的瀑布型开发流程，解决了传统软件开发流程中的问题。

（三）开发策略

软件开发按照软件工程规范对系统的整体结构和功能主要采用集中设计和开发的思想，对于一些较为独立的数据处理功能，进行相对独立的开发，形成 DLL 或 Active X 与系统相连接，以保证系统的完整性。对于功能独立，不是系统所必需的，可以以辅助工具的形式提供；对于已有的软件工具，则可直接利用或与软件挂接。软件开发过程中，采用移植优化的方法进行开发，加快软件开发速度，提高软件开发质量。

（四）开发环境

1）硬件环境

- CPU：Intel（R）Core（TM）i2 CPU E7200 @ 2.53GHz 或以上；
- 硬盘 250GB，内存 2.0GB，32 位彩色显示及以上；

2）软件环境

- Windows XP（32 位）旗舰版和 Windows 7（32 位及 64 位）家庭版、专业版及旗舰版操作系统；
- MapGIS 6.7 版本；
- Microsoft Office Access 2003 或 Access 2007；
- 开发工具为 VC++ 6.0。

二、转换数据模型研究

1. 数据库结构模型

主要是定义数据库中各数据表的名称、代码、类型以及数据表中各数据项的名称、代码、类型、长度、小数位数、单位、必填项、字典代码项、代码分隔定义、组合代码定义等信息。

本系统中包括两个数据库的结构：

（1）传统填图的数据库结构，如 1：5 万地质图图库标准；

（2）数字填图图库标准。

2. 数据转换模型

主要是定义两类不同标准建库的数据库与应用模型的关系。关系包含两类不同标准的数据库结构和应用模型数据库结构。每个数据库结构的定义与数据库结构模型相同，但在应用模型中扩充了字典项代码的应用意义：①存在代码项名称的，则以代码表示（与原来数据库标准模型表示一致）；②"="表示将建库模型数据库中对应等号的数据项内容拷贝到该数据项中，在等号后面又出现"|"，表示该数据项将根据后面的字典库代码定义转换为中文，如在地质界线中地质界线类型 Boundary_Name 对应的字典项代码中有"=GZBD|GZBD"，是表示将地质界线的接触关系数据项 GZDB 拷贝到该数据项，并按字典代码项 GZBD 翻译为中文；③字典项代码是可以定义引用多个字典代码项的，多个时用西文","分隔，如矿产图层中组分名称 PKGKPL 字典代码项上定义为"HXDA,DHAA,PKJ,HXDC"。

3. 数据转换关系表

主要是定义建库模型与应用模型图层之间对应关系。

4. 数字填图要素分类

主要是对数字填图中涉及的要素进行定义，主要分为基本要素类、综合要素类、对象类、独立要素、地理要素等，同时定义各要素所包含的图层内容。

5. 字典代码库

主要内容包括代码分类字段名、代码、汉字名、英译名、备注等。

6. 拓扑规则

存放各要素图层之间的拓扑关系以及定义需要进行检查的内容。

7. 断层规则

专门针对断层图层定义一些特殊线型、符号的引用规则及对应断层性质代码等。

8. 成果目录

定义成果存放的目录，这里成果目录所定义的内容为回溯性 1∶5 万地质图空间数据库成果存放的目录，按多级目录定义。

9. 系统库换库模型

系统库换库模型可以解决系统库之间的不一致性问题，主要包括点符号、线符号、填充符号以及颜色的转换关系。

三、关键技术

（一）统一系统库技术

通过系统深入研究，制定了系统库换库模型，并通过采用本研究工作开发的相似性符号识别软件工具，对不同系统库之间进行符号相似性对应判别，建立了系统库之间的对应关系，为统一系统库提供技术支撑。

建立的对应关系主要包括：

（1）建立了传统填图所采用的系统库与本研究建立的统一目标系统库（包括扩充后的数字填图系统库 TTSlib、目标系统库 1 和目标系统库 2）之间的符号的对应关系；

（2）建立了数字填图所采用的系统库与本研究建立的统一目标系统库（包括完善后的传统填图 1∶5 万地质图数据库建设所采用的 5WSlib、目标系统库 1 和目标系统库 2）之间的符号的对应关系。

（二）系统库换库计算技术

系统库换库最关键的是建立源系统库与目标系统库之间的对应关系表，根据对应关系开发相关的软件功能。在换库功能开发中，最为关键的是处理好对应关系中子图符号存在上下位移量（zs）或者存在左右偏移量（zs0）的位置计算和对应关系表中有角度变化时的子图位置计算，同时还需考虑投影坐标系统等方面造成的缩放比例问题。计算时需要采用三角函数等计算公式，同时还需考虑数据中子图的角度和关系表中的角度变化值的关系，例如，angle0 为关系表中的角度变化值，可以是正值，也可以是负值，pntinfo.info.sub.angle 为子图数据实际角度值，angle 为换库后的子图角度值，hangle0、hangle 为对应的弧度数值。程序涉及许多判别和计算，如下：

```
angle=pntinfo.info.sub.angle+angle0;
  if（angle<0）
  {
  angle=360.0+angle;
  }
```

```
else if（angle>=360.0）
{
angle=angle-360.0;
}
hangle=（angle/180.0）*3.14157;
if（angle==0）//即未旋转时
{
pxy.y=pxy.y+ry*pntinfo.info.sub.height*zs;
pxy.x=pxy.x+rx*pntinfo.info.sub.width*zs0;
}
else if（angle>0 && angle<=90）
{
  if（zs!=0）
  {
  hangle0=（（90-angle）/180.0）*3.14157;
  dx=ry*pntinfo.info.sub.height*（-zs）*cos（hangle0）;
  dy=ry*pntinfo.info.sub.height*zs*sin（hangle0）;
  dx0=rx*pntinfo.info.sub.width*zs0*cos（hangle）;
  dy0=rx*pntinfo.info.sub.width*zs0*sin（hangle）;
  pxy.x=pxy.x+dx+dx0;
  pxy.y=pxy.y+dy+dy0;
  }
  else if（zs0!=0）
  {
    dx0=rx*pntinfo.info.sub.width*zs0*cos（hangle）;
    dy0=rx*pntinfo.info.sub.width*zs0*sin（hangle）;
    pxy.x=pxy.x+dx0;
  pxy.y=pxy.y+dy0;
  }
}
else if（angle>90 && angle<=180）
{
  if（zs!=0）
  {
  hangle0=（（180-angle）/180.0）*3.14157;
```

………

线型换库中最为关键的是处理好对应关系中线方向相反的线型转换，如果是区文件或水系线中有方向性的陡崖线，原则上建议不要采用与原线段方向相反的线型进行转换，确实找不到相同的线型，则在目标库中需要补充这类线型。

（三）图层数据的合并与分离技术

系统提供了对该类数据进行拓扑一致性检查的处理技术手段和软件工具，能完全解决拓扑问题。

如果拓扑关系完全正确，图层数据的合并与分离一般是不会存在太多问题的，但经常需要处理的数据就不一定是那么完美的，合并或分离后，数据会存在拓扑关系错误或其他问题，因此，在数据进行合并或分离之前，需要对数据进行检查和处理。在进行数据合并时，还应提供严格的检查与控制，当问题在合并时无法自动处理的，均会给出错误记录提示，且暂不进行合并处理，待该类较为严重的错误修改正确后再进行处理。

（四）通用应用数据模型技术

由于历史原因和技术发展，采用不同标准的模型所建立的数据库在数据模型、表达方式、格式、数据结构、命名存储、应用方式等方面差异较大，数据转换涉及的内容包括图层命名、属性结构、属性内容、存放的方式、字典代码的统一及扩展属性内容等有关方面，研究通用应用数据模型表达至关重要，通过研究，在字典项代码中引入以下定义：①存在代码项名称的，则以代码表示（与原来数据库标准模型表示一致）；②"="表示将建库模型数据库中对应等号的数据项内容拷贝到该数据项中，在等号后面出现"|"表示该数据项将根据后面的字典库代码定义转换为中文，如在地质界线中地质界线类型 Boundary_Name 对应的字典项代码中有 "=GZBD|GZBD"，则是表示将地质界线的接触关系数据项 GZDB 拷贝到该数据项，并按字典代码项 GZBD 翻译为中文；③字典项代码是可以定义引用多个字典代码项的，当出现多个时用西文 ","分隔，如矿产图层中组分名称 PKGKPL 字典代码项上定义为 "HXDA,DHAA,PKJ,HXDC"。以上内容解决了不同模型数据库向应用模型转换的技术问题，具有通用性特点，可用于一般数据的整合集成工作。

（五）空间分析技术

地质数据大多具有空间位置和拓扑关系，通过空间分析技术能补全地质界线左右地质体符号、断层的上下盘地质体符号、地质体时代等信息，能进行地质界线的接触关系等属性检查。本研究利用该技术开发了相关功能的软件进行地质数据的检查、数据属性信息的补充等。

四、主要功能设计

基于应用模型及开发方案，构建了系统总体架构。软件工具中共集成和开发了 60多个功能，其中新增开发 20 多个，移植集成开发 40 多个。能实现数字填图数据的质量检查与数据整理、回溯性数据向应用模型数据转换、数字填图数据向应用模型数据转换。主要功能包括文件管理子模块中实现的七个功能和数据综合处理子模块中实现的六个功能。

系统窗口设计为上部菜单栏、工具栏，左边为数据工程管理视窗、右边为数据视图管理视窗，下部为状态栏，如图 3-12 所示。

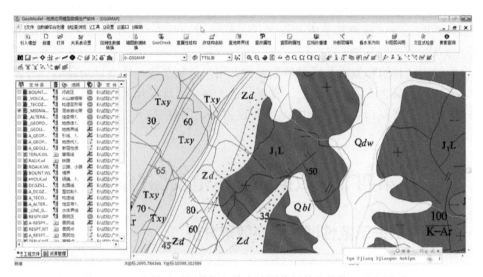

图 3-12　回溯性地质图数据与数字填图数据整合软件工具主界面

五、实现的主要功能

系统实现的主要功能如下：

（1）文件：实现了新建工程、打开工程、添加目录文件到工程中、装入光栅、光栅求反、清除光栅、退出系统等功能开发。

（2）数据综合处理：开发了数据综合处理相关功能，包括设置系统库对照关系表、回溯性→应用模型数据转换、数字填图→应用模型数据转换、整理要素类标识 FeatureID、投影转换等。

实现了传统填图成果数据向应用模型转换和数字填图成果数据向应用模型转换等功能；在两种不同标准所建立的数据库向应用模型数据转换功能开发中，集成了：①数据所依赖的源系统库向目标系统库换库转换（包括符号颜色、编号、大小、角度等参数的转换）；②图层数据的合并或分离；③图层命名、结构命名、数据存储和组织等格式的转换，按应用模型生成规范转换结果；④对 MDB 格式保存的对象、综合要素类等外挂属性的处理；⑤图层要素属性的调整、空间分析与计算补充和完善；⑥地质代码上下标等自动按规定格式转换；⑦数字或西文代码转换为中文文字；⑧投影参数的继承等功能。一次性可完成各相关内容转换。

（3）检查浏览：集成地质数据质量检查与评价工具 GeoCheck，在以往已有工作的基础上，开发了针对数字填图数据检查和更正的相关功能，主要有地质界线属性检查、属性结构检查、属性结构及图层名称标准化、检查更正与空间属性的对应关系及完整性、检查图例与属性的对应关系、补充断层编号等。从 GeoMAP 工具中移植开发了单文件拓扑检查、区拓扑重建、显示水系方向、补全工程图层说明、交互检查属性、要素查询、点、线、弧段、区图元的定位功能。

（4）数据编辑：仅集成常用的编辑功能，以点编辑、线编辑和面编辑分类工具条的方式提供，集成了 MapGIS6.7 绝大部分的编辑功能，以工具箱的方式提供。

（5）辅助工具：移植和集成开发了工具栏管理、状态栏、元数据检查、记事本、Windows 浏览等系统功能。

（6）设置：移植和集成开发了参数设置、用户定制菜单、修改目录环境、设置显示坐标、工作区信息、设置背景颜色、光标颜色、图层管理等相关功能。

（7）窗口：在窗口管理功能中提供新建窗口、层叠窗口、平铺窗口、排列图标等功能。

第四节　数据转换示范及综合评价

一、图幅数据示范性试验转换效果分析

随机收集了传统填图和数字填图共 25 幅地质图空间数据库数据进行测试，其中 1：5 万传统填图地质图空间数据库数据共 10 幅，1：5 万数字填图地质图空间数据库共 13 幅，1：25 万数字填图地质图空间数据库 2 幅，试验图幅情况见表 3-7。通过收集各类成果数据进行软件功能测试，完善了软件相关功能。

表 3-7　试验图幅情况列表

数据类型	序号	比例尺	地区	图幅名称及编号	建库时间
传统填图数据	1	1：5 万	福建省	宁化县幅 G50E011011	2009 年
	2		贵州省	马场坪 G48E009023	2009 年
	3		贵州省	普安幅 G48E012024	2010 年
	4		河南省	保安镇幅 I49E016021	2005 年
	5		河南省	龙门街幅 I49E009018	2006 年
	6		河南省	固县镇幅 I49E022023	2007 年
	7		江西省	富田幅 G50E008005	2001 年
	8		江西省	峡江县幅 G50E002006	2003 年
	9		江西省	宁都县 G50E010009	2004 年
	10		辽宁省	旧庙幅 K51E010007	2008 年
数字填图数据	1	1：5 万	广东省	畲坑圩幅 G50E024008	2010 年
	2			水车圩幅 G50E024009	2010 年
	3			五华县幅 G50E001008	2010 年

续表

数据类型	序号	比例尺	地区	图幅名称及编号	建库时间
数字填图数据	4	1：5 万	广东省	丰良镇幅 F50E001009	2014 年
	5			凤岗圩幅 F49E001018	2014 年
	6			北市幅 F49E001019	2014 年
	7			古水幅 F49E002018	2014 年
	8			江屯圩幅 F49E002019	2014 年
	9			坪石镇幅 G49E017021	2014 年
	10			沙坪乡幅 G49E018021	2014 年
	11			乐昌市 G49E018022	2014 年
	12			乳阳林业局 G49E019021	2014 年
	13			桂头镇 G49E019022	2014 年
数字填图数据	1	1：25 万	广东省	广州市幅 F49C001004	2007 年
	2			梧州幅 F49C001003	2014 年

通过对数据示范性整合处理、转换等试验，采用目前经完善后的地质图数据库整合软件 GeoModel，从文件命名、空间定位信息、空间关系信息、空间数据和属性信息四方面对经整合后的数据进行效果对比分析。

（一）文件命名对比

从转换的文件名对比可知，GeoModel 实现了按应用模型的转换，图层文件命名正确，原图层命名规范的(指符号有关建库要求的)，转换时都能找到对应的文件转换关系，对于不规范的，则按原文件转换（图 3-13、图 3-14）。

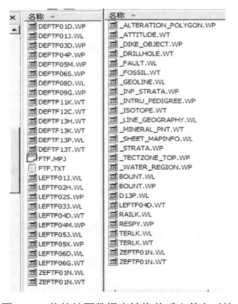

图 3-13　传统填图数据库转换前后文件名对比

图 3-14　数字填图数据库转换前后文件名对比

（二）空间定位信息对比

经检查，转换后的数据具有与原数据一样的投影坐标信息。另外，通过两套数据的套合检查，发现转换后数据的精度没有损失，数据能完全套合，没有缺失现象（图 3-15）。

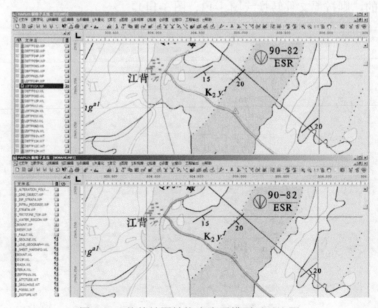

图 3-15　传统填图转换为应用模型后对比图

上部为转换前，下部为转换后，转换后系统库为目标系统库 2

（三）空间数据对比

图 3-16 为传统填图转换为应用模型后对比图及数字填图转换为应用模型后对比图，图像的上半部分图形为原始图，下半部分为转换后的相应部分图形，从图 3-16 的转换效果可以看出，图形能完全正确转换，达到预期目的。

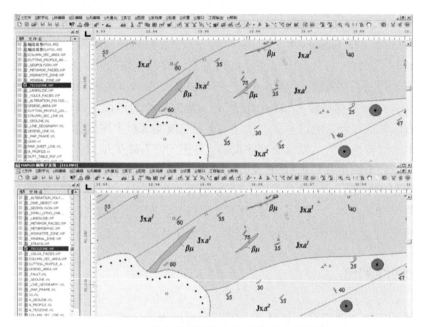

图 3-16　数字填图转换为应用模型后对比图

上部为转换前，下部为转换后，转换后系统库为目标系统库 1

（四）属性信息对比

图 3-17 为属性转换后的效果对比，属性结构及内容能按应用模型进行转换，且内容正确。

（a）转换前　　　　　　　　（b）转换后

图 3-17　传统填图转换为应用模型后属性对比图

二、示范整合建库的实际应用效果分析

在中国地质调查局发展研究中心和中国地质调查局六个大区中心共同组织下，2015年开展了 143 幅数字填图与传统填图成果数据转换示范工作，各承担单位已利用该软件工具进行了数字填图数据的整合与转换工作，并提交了成果。于 2015 年 11 月 20 日～12月 2 日进行了成果验收，专家组采用地质应用模型数据生产软件 GeoModel 及地质数据质量检查与评价软件 Geocheck 等工具对整理后的数据和按应用模型转换后的最终成果数据分别进行了 100%的检查。对比原数据质量，检查发现，空间数据库成果质量得到了较大的提升，消除了原数据中存在的一些错误，特别是有些省份由于原建库人员不专业，所提交的原数据存在较多错误，包括空间数据拓扑的错误、属性内容的不正确和地理图层没有属性的错误，通过本次工作，基本上能按要求对上述问题进行更改完善。经检查，按应用模型转换后的数据成果换库正确，各图元没有缺失现象，图元参数正确，属性内容完整，能完全满足今后数据整合应用的需要，达到了预期的目的。

但需要指出的是，由于未能安排所有参加人员进行系统软件培训，有个别省份的个别人员对软件使用及整合的要求了解得不是很清楚，对软件检查提示的一些错误不会修改，今后还仍需要继续加强对该软件的推广培训工作。

三、软件测试

根据《地质调查地质调查软件开发测试管理规程》（DD 2010—01），组织了有关专家对软件进行测试，测试内容包括软件工具的功能完善性、文档完整性、软件的可靠性、应变能力、响应时间、友好性与一致性、抗攻击性和用户手册等方面，测试组采用黑盒测试法。

在系统开发过程中，项目组测试人员与程序开发人员对各子系统和模块按设计技术指标进行阶段性测试，并将测试结果反馈到程序设计者，由其及时调整和修改。

系统的最终调试和测试是对系统运行状态、功能和可靠性等各项指标的全面评价。测试工作除有测试人员和开发人员参加外，还聘请了有关专家为本系统进行综合测试，分别对各子系统和系统整体进行了测试。测试数据有随机抽取的 1：5 万传统填图数据和数字填图数据、1：25 万数字填图数据等。

测试结果表明，测试过程软件运行流畅、系统设计合理，界面友好、美观，操作简便、符合生产人员实际操作习惯。数据处理计算方法正确，结果可信，实用性强。

四、转换成果综合评价

完成编写的传统填图与数字填图建库成果数据转换技术方案较好地解决了按两类不同建库标准完成的数据库的整合问题，并研究了一套适用的数据整合技术方法、流程和质量保障措施，为开展该类工作提供了基础。

通过有关符号相似性识别软件工具，系统地整理和建立了数据整合的统一目标系统库，该目标系统库除包含整合了传统填图数据库建库中的 1:5 万地质图所采用的系统库及数字库和数字填图软件所采用的系统库外，还整合了 1:20 万地质图、1:20 万水文地质图所采用的系统库，是一个相对较好全面的系统库，为数据整合和今后的数据库管理与应用打下基础。

研究和建立系统库对应关系模型，并完成多个系统库之间的子图符号、线型、填充图案、颜色等对应关系的建立，为数据交换、数据转换以及综合编图等工作打下基础。

在整合技术方案的基础上，深入开展应用模型的研究，建立和完善了数据整合的应用模型，较好地解决了传统填图数据和数字填图数据两个数据模型的以下整合问题：①数据存储管理；②命名原则；③要素及对象的标识号规则；④地质年代代号与地质体代号编码规则，包括地质年代代号与编码、地质体代号与编码规则与上下标的规定；⑤数据项下属词规定；⑥数据项及数据项长度规定；⑦其他约定或解释说明；⑧系统库使用与处理方案；⑨回溯性地质图数据库与数字填图数据库的关系模型的建立；⑩综合应用数据模型的建立等。

开发了地质应用模型数据生产软件 GeoModel，内容包括数据的检查与处理、数据转换等相关内容。数据检查与处理功能填补了数字填图软件缺少的某些功能，帮助用户快速找到问题所在，并提供相应的处理工具，能帮助用户提升数据的质量，提高数据整合的工作效率，该工具也是数据成果检查验收的有力工具。

所建立的应用模型是一个开放的模型，用户可根据应用的需要建立自己所需的内容，软件能自适应满足一般转换工作的需要，具有通用性。

第五节　示范应用与培训

一、数据整合软件工具应用与培训推广

对软件实行边开发边测试和推广应用，以便尽快提供给生产单位使用，以提高生产效率和保障数据质量。通过培训和推广应用，完善软件各项功能开发，通过与承担单位的项目成员及有关地学信息专家的研讨与沟通，编制了数据转换技术指南与成果提交验收要求，制定了数据验收检查与评价方法，能有效地保障年度建库成果质量，并为成果验收提供依据。

两年来，共参加和协助组织进行了七次共 160 多人次培训与研讨工作（图 3-18），邀请有关专家及六个大区信息人员与省级建库项目负责人等人员参加研讨，具体情况如下：

（1）2013 年 7 月 25～28 日在新疆组织开展回溯性地质图空间数据库与数字地质调查成果数据整合方案研究，邀请有关专家对方案的可行性进行研讨，完善方案。

（2）2014 年 12 月 5 日在成都进行区域地质图数据库建设验收期间，举办了传统填图和数字填图数据库成果综合集成转换方案研讨。重点介绍传统填图和数字填图数据库

成果综合集成转换技术方法及流程。参加人员有中心相关主管信息领导、地调局信息室领导、有关资深专家以及六个大区中心从事信息工作人员、各省地调院区域地质调查数据库建设项目负责人、项目主要成员等。

图 3-18　培训班现场及与学员交流和解答问题

（3）精心组织培训工作，通过系统的推广培训，详细地介绍了软件的功能架构和使用操作方法，以案例操作介绍了各功能模块作用和操作步骤，使有关专业及学员熟练掌握相关功能。通过办班研讨交流，及时掌握了管理部门及生产部门急需开发的功能需求和建议，也掌握了生产部门目前发现的软件功能存在的缺陷，使开发人员能及时调整开发的一些思路，并根据需求补充一些急需的功能，更正有缺陷的模块，缩短了开发和应用的周期，从而提高了软件的生命力。

结合全国区域地质图空间数据库建设项目工作安排，2015 年 7 月 27～29 日在北京组织召开由六个大区课题负责人、有关省（区、市）地调院承担区域地质图空间数据库转换任务的负责人及技术人员参加的地质图空间数据转换、整合技术方法与软件工具 GeoModel 应用培训班。

主要培训内容有四项：①传统填图成果数据与数字填图成果数据转换技术方法与流程培训；②传统填图成果数据与数字填图成果数据转换工具（GeoModel）应用培训；③数字填图成果数据与传统填图成果数据转换示范；④数据转换技术方法与转换工具（GeoModel）功能完善研讨。

2015 年 9～10 月，协助六个大区中心分别在武汉、南京、天津、沈阳、西安、成都先后进行区域地质图空间数据库建设中期成果检查，并在这期间分别对检查专家、项目承担单位的成员进行培训，对软件各功能、数据成果质量检查的内容及验收检查要求进行培训与研讨，协助中国地质调查局发展研究中心项目组和六个大区中心项目组完成数据转换技术指南与成果提交验收要求和数据验收检查与评价方法的制定和编写工作。为保障数据库整合集成成果的验收提供技术支持。

（4）积极通过多种形式开展技术支撑服务工作，除组织培训外，通过区域地质图数据库建设项目组建立的 QQ 群及时将新版软件上传，通过 QQ 交流、电话、邮件等方式及时解答存在的问题和听取有关功能等需求建议，帮助有需要的单位解决建库中存在的问题，给予这些单位技术指导，帮助使用软件单位注册，使生产单位较好地掌握了软件的使用和相关注意事项，使全国区域地质图数据库生产的效率得到较大的提高和质量得到保障。

（5）目前开发的软件，通过后续的建库应用，功能比较完善，运行相对稳定，软件功能集成度较高，处理能力较强，操作简便等，受到用户肯定和欢迎，较好地解决了传统填图数据与数字填图数据成果的集成应用问题。同时也能解决不同数据的统一系统库问题，具通用性，可用于一般的数据整合工作。

二、成果应用前景分析

本研究解决了不同建库标准的 MapGIS 格式数据应用模型转换的重要问题，解决了不同系统库之间的转换与统一难题，解决了属性代码与汉字名称的互转换问题，为传统填图数据、数字填图数据的综合应用提供技术基础，通过利用整合软件工具，可以解决目前提交的数字填图数据存在的大部分质量问题，也可作为数字填图数据库建设的辅助工具，该工具能有效地提高数据生产的工作效率，提升数据质量，并将产生显著的经济和社会效益。

第四章　面向资源环境应用的地质
本底数据资源建设

　　围绕自然资源部和中国地质调查局在水资源、土地资源、矿产与能源资源、气候资源、森林资源、草地资源、海洋资源等多种资源环境领域应用和综合评价对地质调查数据作为地质本底数据使用的需求，研究资源环境地质调查本底数据模型，梳理分析中国地质调查局已有专业地质调查数据库和"地质云"共享与汇聚的资源环境地质调查数据及相关行业资源环境调查数据，基于1∶5万~1∶50万尺度的基础地质调查、水文地质调查数据及相关补充更新数据等，完成地质调查本底数据建设分类、要素和对象抽取、属性清理、代码转换与图形图像规范化整理等工作，形成"一个地质要素、全国一个图层"的数据架构，建设数据分类清晰、数据结构合理、数据内容完整、数据属性标准、图件表达一体化的我国地质调查本底数据集（也称为地质本底数据"一张图"）；开发地质调查本底数据整理辅助工具模块和空间数据图例与图饰表达自动化生成工具模块。

第一节　地质本底数据资源建设技术与工作流程

　　面向资源环境领域服务应用的地质本底数据资源（数据集和数据库）建设的目的，是提供与土壤、植被、湖泊、水库、河流、岸线、湿地、城镇、地貌、地表覆盖、林草分布、生态区划、能源区划、矿产开发、灾害预警等资源环境研究和管理要素在空间上相对应的地质要素的分布，包括地层、侵入岩、沉积岩、变质岩、火山岩、构造变形带、脉岩、断层等。主要任务是将已建的各类不同比例尺的专业数据库数据，按照地质要素属性梳理和整编，形成不同比例尺拼接融合的全国统一的要素图层，即"一个地质要素、全国一个图层"，或者称为"全国地质要素一张图"，以便于地质要素图层与资源环境领域相关专业属性图层按照地理坐标的空间叠加与分析应用。因此，地质本底数据集建设的关键在于实现已建不同专业和不同比例尺地质专业要素属性数据按照统一的标准进行转换与存储。主要的工作量在于对以往按不同标准建立的不同专业、不同比例尺的数据库，按照专业属性要素进行统一转换、清洗和数据质量控制。本项工作的重点是实现实测地质要素图层的全国"一张图"建设，也就是以1∶5万和1∶25万比例尺为主的地质要素数据，包括部分1∶50万数据。因此，将第三章建立的全国1∶5万和1∶20万地质图、水文地质图统一系统库和符号库作为统一标准的基础，保持原始属性描述信息不变，进行地质本底要素按统一图层的整合。

一、地质本底数据建设技术路线

地质本底数据整理是为了国家地质数据库面向资源环境领域应用提供地质要素。工作围绕现有数据资源基础，遵循全过程应用计算机和 GIS 平台的原则，减少人为干预；充分利用软件工具的优势，优化数据清洗与整合生产的工艺流程，提高效率，提升质量。地质本底数据资源建设主要基于已有系列基础地质图，开展基于要素的一体化整合。建设工作遵循以下原则：

（1）采取分步实施、分组把关、全面覆盖、统一思路，统一方法，统一标准，统一进度的技术路线和工作原则。

（2）基础数据主要为 1：5 万及 1：20 万地质图空间数据库、1：50 万地质图空间数据库、全国 1：100 万地质图空间数据库（中英文版）、1：5 万及 1：20 万水文地质图数据库和矿产地数据库等基础地质数据库建设成果。

（3）收集和梳理相关数据库建设标准，分析总结专业数据要素表达与建库现状，合理制定具体的要素数据整合模型，制定具体的处理方法和工作流程。

（4）设立质量监控小组、数据库整理及建库小组、数据格式转换小组、辅助工具软件开发小组，分别组织实施各相关工作内容。

（5）数据整合转换软件准备。主要包括 MapGIS 平台软件、ArcGIS 平台软件、数据生产和质量控制软件 GeoMap、数据质量检查与评价软件 GeoCheck、MapGIS 向 ArcGIS 数据格式转换和检查系统 GeoDataConvert、传统填图数据与数字填图数据综合集成系统 GeoModel、符号相似性识别软件 MapSymbolLib、不同系统库 MapGIS 数据统一换库工具 GeoSlibCovert、ArcGIS 注记批量修改插件 EditAnotationTool 等。

（6）数据整合准备工作。工作文档准备：统一系统库、数据模型、代码库，质量检查文档、数据属性结构文档、图层及目录结构等文件命名组织文档、成果管理要求等。

（7）建立数据库管理模型。组织相应的技术培训，贯彻统一流程化工作原则。采用 PostgreGIS 统一入库转换与整合的成果本底要素数据。

（8）统一技术要求和统一制图系统库、样式库。合理地安排工作阶段，采用上述系统或软件工具完成数据清洗、质量检查、修改完善、整合入库等各阶段工作。

（9）数据质量管控。严格按有关技术要求，按项目组制定的工作流程，分别组织实施相关的服务产品加工制作、元数据采集、数据质量检查等，确保成果质量，按时保质完成相关任务。

（10）数据安全管理。采用驻场工作，在安全处理工作环境下进行相关的数据处理工作，要求保证工作数据不外泄。

二、地质本底数据建设工作流程

该流程主要用于指导地质要素数据整理、辅助工具开发及本底数据建设，是在充分分析数据现状和建设任务的基础上，充分利用已有技术能力（包括软件技术、工作方法、人员素质等）及硬件基础建立的一套生产流程。主要包括项目筹备、工作方案编审、作业准备、数据清洗及整理、统一系统库建设、数据格式转换、成果数据库入库、数据整理辅助工具和空间数据图例与图示表达自动生成工具、成果质量检查、报告编审与成果审查验收等。工作技术流程图如图 4-1 所示。

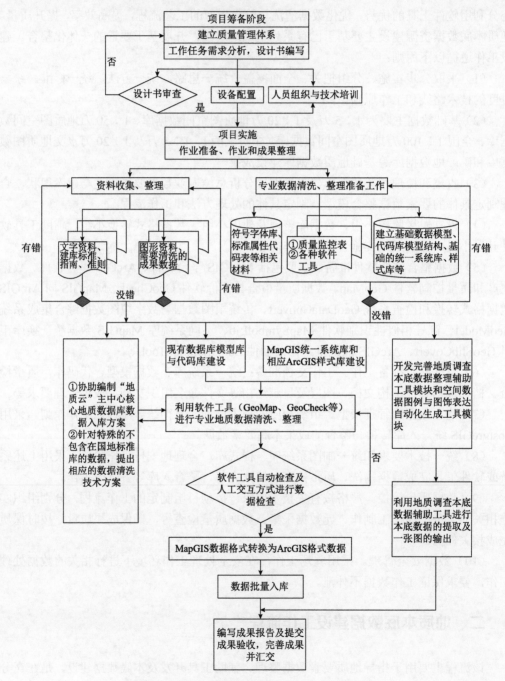

图 4-1 资源环境本底数据整理工作技术流程图

①指整合后的数据入库与地质云发布方案，②中"国地标准"指第二章表 1-2 中所列国家地质数据库建设主要技术标准

三、地质本底数据建设技术方法

正确的工作方法是保证地质本底数据整理及辅助工具开发成果质量的关键。按工作实施筹备阶段和工作实施阶段，工作技术方法和实施步骤可分述如下。

（一）工作实施筹备阶段

1. 软硬件设备配置

选择的软硬件设备必须满足工作要求，符合质量规定，具有稳定性、可靠性、可操作性等基本要求。在数据生产前后必须校验软硬件设备的技术指标和性能，定期检修使其符合生产技术要求。

（1）硬件要求：选择的软硬件设备必须满足工作要求，符合质量规定，具有稳定性、可靠性等基本要求。

（2）软件要求：平台软件采用 ArcGIS 10.1 或以上版本、MapGIS 6.7、MapGIS K9。由于数据格式转换系统和数据检查系统需要同时用到 MapGIS K9 和 ArcGIS 10.2，建议采用 ArcGIS 10.2 版本。

建议准备好以下这些生产工具软件，如地质图空间数据库生产与质量控制辅助系统 GeoMap、地质数据质量检查与评价辅助软件工具 GeoCheck、MapGIS 向 ArcGIS 数据格式转换和数据检查系统 GeoDataConvert、符号相似性判别工具 MapSymbolLib、ArcGIS 注记批量修改插件 EditAnotationTool、不同系统库的 MapGIS 数据实现统一系统换库工具 GeoSlibCovert、传统填图数据与数字填图数据库成果综合集成系统 GeoModel、元数据采集工具、造字软件、常用的 Office 软件等。

（3）质量控制：在数据生产前后必须校验软硬件设备的技术指标和性能，定期检修以保证数据成果符合生产技术要求。

2. 编写设计书和进行设计审查

按合同书要求精心组织编写设计书，完成设计书的编写和审查后的修改完善工作。

3. 建立质量管理体系

建立三级质量管理体系。建立和严格执行自检、互检和抽检三级检查制度和质量监控机制。

4. 人员组织与技术培训

（1）成立由计算机、地质专业、信息技术和地理信息系统等人员共同组成的高素质项目组，专业优势互补，任务分工明确。

（2）项目负责人和主要技术人员学习相关标准，分析研究技术路线、工作流程和质量监控的方法、机制以及监控指标等。负责组织项目参加人员学习和培训，明确任务和责任，以保证数据清洗、整理、转换及入库的进度和成果的质量要求。另外项目负责人要及时与甲方项目组沟通联系，及时反馈或交流工作过程中的问题。

（3）学习的技术规程有工作方案、生产技术规定、工作指南和相关标准以及质量控制保证措施等。质量培训的内容包括质量意识教育、质量管理知识培训和专业技术（操作技能）的培训，对各类作业人员的培训在广度、深度及重点上有所不同。在作业人员中要普及全面的质量管理基础知识，重点是各作业过程的质量监控要求和本作业过程操作技能及作业方法。

对项目成员进行信息资料保密培训，增强保密意识。

（二）工作实施阶段

1. 作业准备

准备工作文档资料，如印好工作日记表、作业指导书、自互检表、抽检表等，准备好统一的基础 MapGIS 出图的花纹库、符号库、线型库、颜色库等，以及统一的基础 ArcGIS 样式库、准备好相关软件及软件工具。收集整理现有的数据库的数据标准、指南或细则，建库的代码，已建立的部分数据库数据模型等。

质量监控贯穿整个地质本底数据整理及辅助工具开发过程，在每个工作阶段均应及时记录。

2. 编制地质本底数据整合方案

梳理分析 2018 年"地质云"发布共享的 160 多个专业数据库数据（参见第一章表 1-1）、中国地质调查局部署的 300 多个二级项目汇聚的成果数据及相关行业、科研院所发布的有关资源环境专题数据情况，围绕我国水、土地、矿产与能源、气候、森林、草地、海洋资源，以及人口和社会经济等多种资源应用和综合评价对地质专业要素数据的需求，调研各类地质数据维护更新管理情况、数据类型、数据结构、数据内容完整性、数据现势性，合理编制将多专业、多比例尺地质调查数据整合成为地质本底数据集的技术要求和工作方案。

3. 完善 MapGIS 统一系统库

在数据整合过程中，严格按数据整理技术要求进行操作，直至完成整理后的本底数据入库，包括按照《地质图图示图例标准》（GB 958—99）和相关的数据库建设标准进行系统库和符号库的统一。可以利用符号相似性判别工具 MapSymbolLib、不同系统库 MapGIS 数据统一换库工具 GeoSlibCovert 等软件，以第三章建立的全国 1∶5 万和 1∶20 万地质图、水文地质图统一系统库和符号库为基础，更新完善 MapGIS 系统库。

具体方法和步骤如下：

（1）根据地质调查专业数据库所使用的系统库，分别采用 GeoMap 提供的图例生成功能，生成各图幅数据完整参数图例（包括填充图案、颜色、线型、子图符号），用于进行符号相似性识别。

（2）采用符号相似性识别软件 MapSymbolLib，对数据相关图幅涉及的系统库与统一的系统库之间的相似性进行判别，辅助进行人工对比浏览和确认，完成不同系统库与统一的目标系统库之间的关系库建立。

（3）对于目标系统库中无法找到的子图符号、线型或填充图案等，利用 MapGIS 系统库管理功能进行补充。

4. 建立与 MapGIS 统一系统库相对应的 ArcGIS 样式库

在利用符号相似性判别工具 MapSymbolLib 建立的统一 MapGIS 系统库基础上，采用造字软件制作一套对应 ArcGIS 的样式库和支撑样式图示表达的 TrueType 字库。

5. 更新完善不同尺度的地质图数据库数据模型

如果已有的地质专业数据未建立数据模型，则需要通过数据汇聚类型收集整理相关标准，按数据库建设标准或指南等，研究确定其数据模型结构，补充建立数据模型。

6. 更新完善不同尺度的地质图数据库数据代码库

按地质调查数据库建设标准或指南等，整理已有地质调查专业数据的代码库数据模型，按照拟建立的本底数据专业要素的代码库内容和数据模型，建立多专业地质调查数据的代码库内容及代码库数据模型。

7. 地质数据整理及质量检查

根据作业指导书和相关的建库标准和技术方法，对本次需补充入库的数据进行规范化清理及整理，包括无效数据清洗、属性数据规范化整理、空间数据信息整理、拓扑关系整理、图件表达规范化整理、命名规范化整理等，建立符合本底数据建库标准的规范性数据库。

数据整理、质量检查工作中的数据修改和编辑，可采用地质图数据库质量控制软件 GeoMap 和地质图数据库质量检查软件 GeoCheck 进行处理，采用自动检查和自动处理，以及交互处理相结合，达到数据质量要求，即通过软件工具提高工作效率，保证数据质量。

GeoMap 是基于空间地质图数据库建库标准，按照空间数据拓扑规则，依托 GIS 技术和面向对象可视化编程语言开发的地质数据生产与质量控制的软件。实现了众多编辑处理、数据检查和数据修改更正等功能。该软件以"引入规则→构建基本框架→矢量化→数据编辑→属性数据库管理→检查与更正→数据整理"为主线，以标准图框生成、误差校正、数据裁剪、图形转换、投影变换、输出图形等为辅助工具，建立了比较成熟的一体化完整的建库技术路线与作业流程。该软件已在地质数据建库中得到较好推广应用，操作简单、实用性强，且易于扩展（支持作业流程各阶段数据编辑、处理的软件系统开发）。软件系统功能界面、功能菜单见图 4-2。

GeoMap 和 GeoCheck 系统中数据检查均有"结点关系检查""线或弧段重叠点坐标检查""Z 字形线检查""自相交线检查""重叠点检查""重叠线检查""重叠面图元检查""共边套合一致性检查""共边拓扑一致性检查""有向线方向检查""封闭图元封闭性检查""微小图元检查""数据缺失或多余检查""线图层内要求悬挂节点检查""矢量图元数据精度检查""元数据检查""空间定位基础检查"等功能，但是 GeoMap 提供了对检查数据的修改功能，而 GeoCheck 没有数据修正功能（图 4-3～图 4-5）。

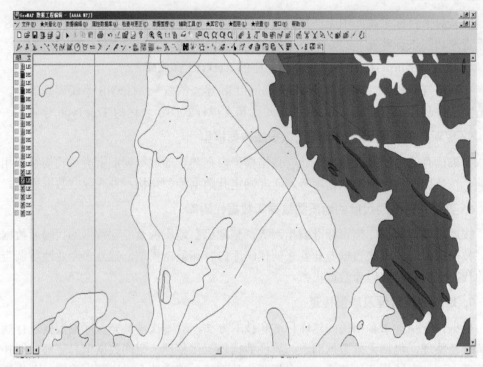

图 4-2　GeoMap 系统的主界面

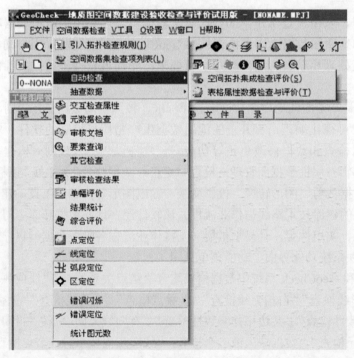

图 4-3　地质图空间数据库质量检查与评价系统（GeoCheck）

图 4-4　GeoMap 工具软件中数据编辑菜单功能模块图示之一

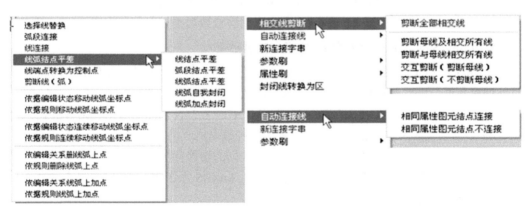

图 4-5　GeoMap 工具软件中数据编辑菜单功能模块图示之二

　　所以，根据上述建立的数据模型，利用 GeoMap、GeoCheck 进行数据质量的检查及数据的清洗与整理，实用方便。

数据检查和处理的具体方法和步骤如下：

（1）对于线文件 D01j、D04j 先进行单文件拓扑检查与更正。

（2）合并线文件，把 D01j 设置为当前编辑状态，把 D04j 设置为编辑状态，若只有一个文件，则不用合并。采用"检查重复点线面"功能对合并文件进行检查，并按实际情况进行处理。

（3）检查原图框精度，可生成一个新图框，然后投影到高斯坐标系下，存部分文件，把内图框线另存为一个临时文件，与原先文件对比进行检查，若原先图幅基本达到要求，则可利用，若不达到要求，则将原先图幅采用精度校正程序更正其精度。

（4）利用"图框内数据精度检查与修正"软件功能修正第二步合并后的线文件及其他所有文件。

（5）进行自动删除多余弧段、清除线或弧重叠点坐标、自动压缩存盘、自动压缩属性空格等操作。

（6）设置采用合并后的线文件为当前编辑状态，设置要检查及修正的文件为编辑状态，原则上凡是与当前编辑的线有相关部分的文件（即有共边的文件）均应参加检查与修正。完成处理后应察看修正位置的结果是否正确。

（7）检查重复点线面。

（8）检查文件的 Z 字形线、弧，自相交线弧，察看检查结果，能采用软件自动处理的，采用数据整合中"Z 字形线自动处理"功能进行处理，处理后察看处理结果，符合后才保存。

（9）检查区拓扑一致性，将参加拓扑的图层设置为编辑状态，其他区图层关闭，采用手动设置检查拓扑一致性功能。

（10）对属性结构进行检查；自动删除多余弧段；保存检查结果文档，完成检查。

上述工作中，有时要进行多次检查与处理才能彻底把问题解决，如步骤（6）和步骤（9）。每幅图都要进行多次检查与处理，直到检查数据不存在问题为止。

8. MapGIS 向 ArcGIS 数据格式转换和数据检查

采用 GeoDataConvert（MapGIS 向 ArcGIS 数据格式转换与检查）软件对清洗和整理后的地质数据，进行格式转换，并对转换后的数据进行质量检查。

该检查软件实现了 MapGIS 数据格式（MapGIS 6.7 及 MapGIS K9 两种格式）向 ArcGIS 数据格式的基本无损转换，且实现了两种数据格式的自动转换。软件界面友好，实用性强，已得到实际应用，完成了大批文件数据的转换任务，包括全国地质资料馆海量的 MapGIS 格式馆藏资料按需求无损地转换到 ArcGIS 系统中。

9. 地质本底数据提取及整理工作方法

如图 4-6 所示，地质本底数据提取和整理需要基于上述辅助软件工具实现，前提条件是数据必须入库，数据库格式为 PostgreSQL 数据。软件辅助工具是基于 PostgreSQL 开发的，主要工作方法和步骤如下。

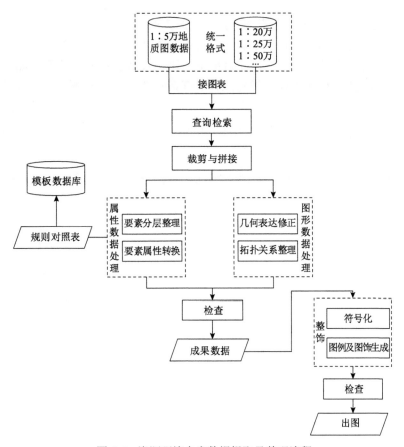

图 4-6　资源环境本底数据提取及整理流程

（1）确定资源环境本底数据集的图区范围和涉及的有关基础地质数据。对入库数据进行分析，确定数据入库范围及可采用的数据源。图 4-7 给出了套合 1：5 万、1：20 万及 1：25 万地质图的入库数据示例。

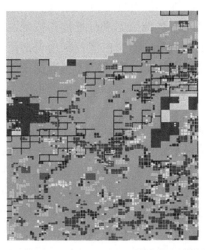

图 4-7　1：5 万和 1：20 万及 1：25 万不同专业地质数据分布示例

（2）确定查询方式，如框选查询、按行政区查询、按指定区域查询等。

（3）进行查询检索，软件工具提供了按数据项唯一值多条件查询、条件查询、关键字查询和查询全部要素等方式，可满足不同比例尺数据的查询需要。如 1：20 万地质图数据库目前已按专题要素分类建立，则查询时选择某一专题要素，全部查询出来即可；但 1：50 万地质图数据库其地质体各专题要素未分层，则查询时只能根据地质体提供的属性值采用适合的查询条件进行查询，以达到能满足制作地质本底数据集的需要，如图 4-8 所示。

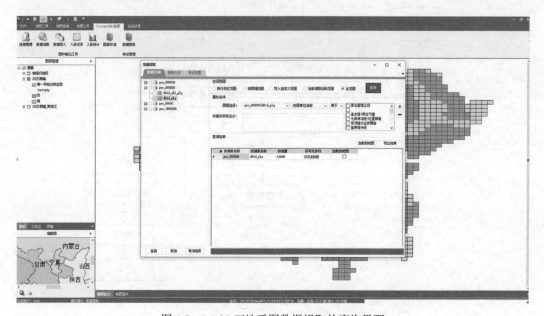

图 4-8　1：20 万地质图数据提取的查询界面

（4）在制作地质本底数据集的过程中，原则上需要对基础数据进行入库分析，掌握已入库的空间范围和未入库的空白区，以及空白区其他种类的地质数据资料入库情况，掌握是否填充后仍存在空白区等，以方便后续的查询和数据裁剪及拼接。

（5）利用查询范围对已入库基础数据进行查询和按范围裁剪数据。利用分析出来的空白区和查询范围，计算出查询范围的空白区，利用查询范围的空白区，通过查询和裁剪方式补充其他种类的地质专题要素数据，添加到数据工程中。

（6）若此时还存在个别空白区，则重复上述步骤直至全部空白区处理完毕或需要利用的数据源已全部利用为止。

（7）由于入库的各数据库专题要素属性结构和数据项内容不完全一致，属性代码也不尽相同，故查询出来的结果是先按原入库数据格式保存，视工作的需要，可进行代码转换为中文等处理，另外，可进行专题图层按有关要求进行图层合并等工作。

（8）采用已准备好的样式文件，利用软件工具，对专题数据集数据进行样式化表示，空间数据图例与图饰表达自动化生成，完成地质本底数据集的制作。图 4-9 为全国断层专题地质本底数据集的数据分布图，红色的数据来源于 1：20 万地质图断层数据，绿色的数据来源于 1：50 万地质图的断层数据，黑色的断层数据源于 1：5 万地质图。

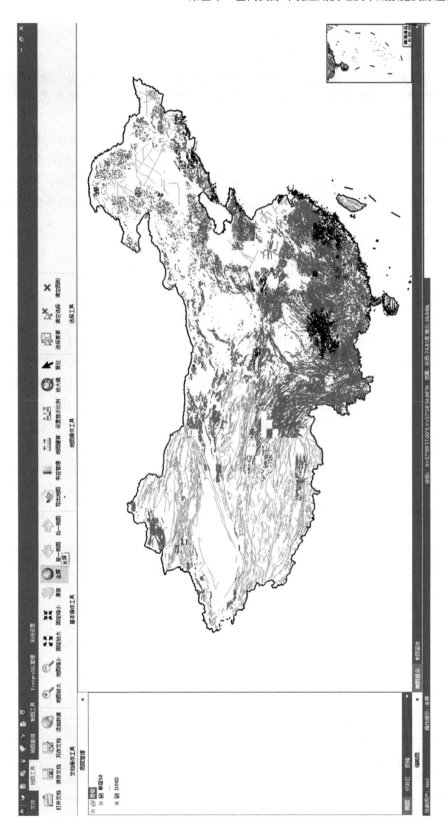

图 4-9　全国断层专题地质本底数据集的数据分布图

（9）对已完成地质本底数据集的数据，采用辅助工具导入到数据库中进行管理或提供有关用户使用，至此，该项工作全部完成。

综上所述，地质本底数据集的建设简要地说就是两步：首先对需要建立地质本底数据集的基础数据进行数据整理、格式转换、数据入库管理等，然后按专题要素进行提取和建立地质本底数据集等。

具体做法举例：以1∶5万地质图数据为基础数据，查询过滤出1∶5万地质图数据未覆盖（为空）的接图表。接着，遍历这些数据为空的接图表，按顺序从1∶20万、1∶25万、1∶50万等数据库中查询，对查询的数据进行裁剪和拼接、属性和图形处理，经检查无误后，对这些成果数据进行样式化和整饰（制图）。必要时，再导入到数据库中管理。

第二节　地质本底数据建设示范

基于相关标准和前述地质本底数据整合技术，以全国1∶5万、1∶20万、1∶25万基础地质调查、水文地质调查数据为主，辅助以矿产资源、水资源、岩溶、地质、灾害等专业数据，以岩石地层、断层、三大岩性地层、构造变形带等主要地质要素为主，完成1∶5万、1∶20万、1∶25万、1∶50万地质图数据库、矿产地数据库、灾害数据库、水文地质数据库等多尺度地质调查数据中关于地层、侵入岩、沉积岩、变质岩、火山岩、构造变形带、脉岩、断层等多种专题要素或对象的抽取、分类、整合、属性清理、代码转换与图形图像一致性整理等工作，并借助数据整理辅助工具，分要素提取和建立了数据分类清晰、数据结构合理、数据内容完整性、数据属性标准、图件表达一致的覆盖我国陆域的地层、侵入岩、沉积岩等八个专题性地质本底数据集，形成按要素分类的地质本底数据集。相关内容见表4-1。

表 4-1　地质本底数据集内容及整理情况

序号	专题要素名称	主要属性内容	数据来源	数据量/个
1	全国地层专题数据集	（1）D01d 沉积地层（图元编号、地层单位名称、岩石名称、岩石颜色、岩石结构、岩石构造、生物组合、地层厚度、矿种） （2）D01b 变质地层（图元编号、地层单位名称、地层单位符号、地层单位时代、岩石组合、岩石名称、岩石颜色、岩石结构、岩石构造、包体岩性、包体特征、生物组合、变质矿物种、原岩、地层厚度、矿种） （3）D03d 非正式地层（图元编号、地层单位符号、岩石名称、岩石成因、矿种）	1∶20万地质图空间数据、1∶50地质图空间数据	600061
2	全国侵入岩（年代单位）专题数据集	D04n（图元编号、统一编号、岩体名称、岩体符号、岩石类型、岩相分带、岩石名称、岩石颜色、岩石结构、火成岩产状、侵入时代、侵入就位机制、矿种）	1∶20万地质图空间数据、1∶50地质图空间数据	102805
3	全国侵入岩（谱系单位）专题数据集	D04n（图元编号、超单元组合、超单元序列、单元、侵入体名称、侵入体符号、岩石类型、岩石名称、岩石颜色、岩石结构、岩石构造、侵入岩产状、侵入体就位机制、侵入时代、矿种）	1∶20万地质图空间数据、1∶50地质图空间数据	19066

续表

序号	专题要素名称	主要属性内容	数据来源	数据量/个
4	全国沉积岩专题数据集	D01d（图元编号、地层单位名称、岩石名称、岩石颜色、岩石结构、岩石构造、生物组合、地层厚度、矿种）	1：20万地质图空间数据	515718
5	全国变质岩专题数据集	D01b（图元编号、地层单位名称、地层单位符号、地层单位时代、岩石组合、岩石名称、岩石颜色、岩石结构、岩石构造、包体岩性、包体特征、生物组合、变质矿物种、原岩、地层厚度、矿种）	1：20万地质图空间数据	56602
6	全国火山岩专题数据集	D02h（图元编号、地层单位符号、岩石名称、火山岩相）	1：20万地质图空间数据	43637
7	全国构造变形带专题数据集	图元编号、变形名称、岩石名称、矿物名称、组构特征、变形机制、形成期次或时代、矿种	1：20万地质图空间数据	794
8	全国脉岩专题数据集	D05m（图元编号、岩石类型、岩石名称、脉岩符号、岩石颜色、岩石结构、岩石构造、侵入时代、矿种）	1：20万地质图空间数据、1：50地质图空间数据	60155
9	全国断层专题数据集	D08d（图元编号、断层类型和性质、断层名称、断层线走向、断层面倾向、断层面倾角、估计断距、断层岩类型、断层期次和时代）	1：20万地质图空间数据、1：50地质图空间数据	525411

在此期间，完成312幅1：5万传统填图地质图数据整理、清洗及标准化处理，完成数据项代码转中文及MapGIS数据格式转换为ArcGIS数据格式，并完成基于PostgreSQL的一体化入库管理和按照相应数据库建设标准的规范化整理。

第三节　地质本底数据整理辅助软件

如前所述，地质本底数据整理的辅助软件，对于提高工效和数据质量管控十分重要。围绕地质本底数据建设的辅助软件功能模块的设计开发，采用.Net技术、以C/S架构模式，基于PostgreSQL数据库管理的多门类、多尺度数据按照专题进行查询输出、图形化和显示一体化整理，实现了基于PostgreSQL数据库管理的多门类、多尺度数据按照专题进行查询输出、图形化和显示一体化整理，以及基于数据库任意格式的空间数据图例与图饰自动化生产功能。主要功能如下：

（1）数据入库：可按当前地图工程、批量地图工程、批量文件数据库等多种方式，向导式将已整理好的ArcGIS数据导入到PostgreSQL数据库中，并对其进行管理。

（2）数据提取：对已整理好并入库到PostgreSQL的多门类、多尺度的地质本底数据，可按照空间范围与关键字相结合的方式进行查询输出、图形化和显示一体化管理。提取的类型包括相交提取、裁剪提取、包含提取三种方式。

（3）地图浏览：数据添加、地图放大缩小、漫游、前一视图、后一视图、书签管理、设置显示比例尺、选择要素、清空要素等。

（4）地图查询：空间查询（拉框查询、画多边形查询、按行政区域查询、按图幅查询、按坐标查询等多种查询方式）、属性查询、模糊查询等。

（5）制图管理：对查询出来的专题数据进行制图相关的操作，主要提供制图浏览和制图操作两类工具。制图浏览工具有：地图缩放、地图漫游、页面缩放、页面平移、100%等比例显示、前一视图、后一视图、页面旋转。制图操作工具有：添加制图模板、页面修饰、图形导出、幅面修改、添加标题、添加标注、添加指北针、添加图例等。

（6）样式管理：对选中的图层进行符号样式的设置。

样式处理：对图层根据属性进行统一样式处理。

符号管理：对系统符号库进行管理的工具，利用符号管理器可以添加、删除当前数据调用的符号库，并可以对日常使用的符号进行修改、删除。

（7）系统管理：用户管理、日志管理、系统帮助等。

一、地质本底数据整理辅助软件开发设计原则

地质本底数据整理辅助软件模块和空间数据图例与图饰表达自动化生成工具模块开发难度比较大，涉及学科比较多，专业素养要求高，涉及地质、地理信息系统、数据库及数据标准等专业知识。为实现辅助软件设计目标，在软件工具研发过程中，除始终遵循软件工程的相关规范、做好用户需求、总体设计和详细设计与逐步实施、测试和完善外，辅助软件工具的开发还要以"先进、高效"为基本准则，实现"可处理海量数据、系统开放可修编、数据管理安全和方便"的目标。

二、地质本底数据整理辅助软件技术架构

根据地质本底数据工作实际要求，辅助软件设计开发采用.Net 技术、以 C/S 架构模式，基于 PostgreSQL 数据库管理多专业门类、多比例尺地质数据，可按照地质要素为专题进行查询输出、图形化和显示一体化整理与管理。总体架构见图 4-10。

辅助软件工具总体框架从下到上分为运行支撑层、数据层、管理层、用户层、体系结构五个层次。其作用如下：

（1）运行支撑层为硬件、软件和网络基础设施，以专业 GIS 平台和地质云平台作为基础支撑环境，支持上层信息化系统的建设和应用；

（2）体系结构层则由标准规范体系和接口规则体系共同构成，标准规范体系包括硬件、网络及通信技术体系、技术标准规范及信息安全保障体系等；接口规则体系则包括数据规则、应用规则和服务规则；

（3）数据层则由各种基础的和专题的地质数据库组成，主要包括全国 1∶5 万地质图空间数据库、全国 1∶20 万地质图空间数据库、全国 1∶20 万水文地质图空间数据库、全国 1∶25 万地质图空间数据库、全国 1∶25 万建造构造图空间数据库、全国 1∶50 万地质图空间数据库、活动断裂数据库、全国矿产地数据库、地质灾害数据库和其他新增数据库等；

（4）管理层是辅助工具，由地图查询浏览模块、地图编辑模块、符号管理模块、专题地图模块、图件输出、图例生成、系统设置等模块组成。

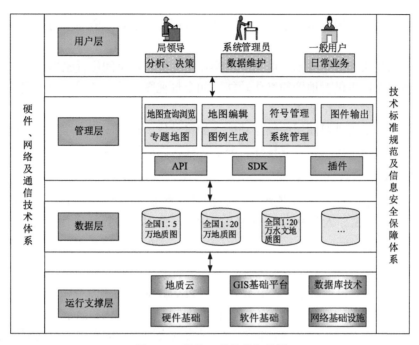

图 4-10　辅助工具总体架构图

三、地质本底数据整理辅助软件主要功能实现

开发实现的地质本底数据整理软件工具主要功能为前面所述的 7 个方面、40 多项功能。功能模块结构图见图 4-11。

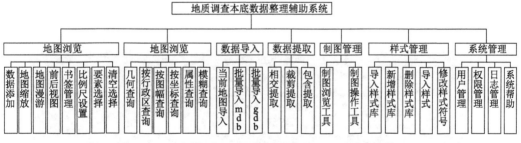

图 4-11　地质本底数据整理辅助软件工具功能模块结构图

1. 数据整理

采用 Office 2016 的风格，贴近办公操作习惯。主要由七个部分组成，分别为菜单栏、图层管理器、地图显示器、缩略图、状态栏、地图右键、图层右键。

（1）菜单栏主要用于存放辅助工具的主要功能，如地图浏览、查询、制图工作、PostgreSQL 管理、系统设置等；

（2）图层管理器用于管理资源环境本底相关的空间数据；

（3）地图显示器主要用于展示资源环境本底相关数据、空间定位、提取结果数据等；

（4）缩略图的作用类似从空中俯视一样查看地图显示器中所显示的地图在整个地图中的位置；

（5）状态栏用于实时显示当前用户的操作及鼠标当前空间位置坐标；

（6）地图右键提供对地图的操作功能，如全景视图、前一视图、后一视图、地图缩放功能、选择要素、清空要素等；

（7）图层右键提供对图层的操作功能，如符号化、删除图层、缩放至图层、查看属性表、图层可选与不可选、设置标注、显示标注、图层属性等。

2. 数据入库

可按当前地图工程、批量地图工程、批量文件数据库等多种方式，向导式将已整理好的 ArcGIS 数据导入到 PostgreSQL 数据库中，并对其进行管理。入库界面如图 4-12 所示。

3. 数据提取

实现三个功能，包括对已整理好并入库到 PostgreSQL 的多专业、多尺度地质本底数据按照空间范围与关键字相结合的方式进行查询输出、图形化和显示一体化管理。

按相交提取、裁剪提取、包含提取等三种方式提取库中的数据。相交提取指的是与指定范围有相交的所有数据；裁剪提取指的是对超出指定范围的数据进行裁剪，保留范围内部分；包含提取指的是完全落在指定范围的数据。

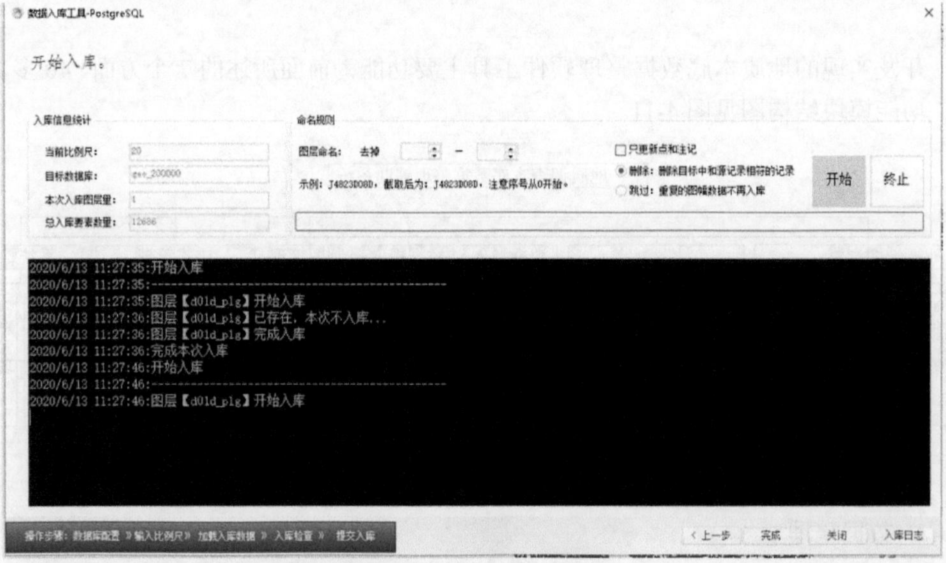

图 4-12　数据入库界面

4. 地图浏览

实现九项功能，分别是数据添加、地图放大缩小、漫游、前一视图、后一视图、书签管理、设置显示比例尺、选择要素、清空要素等。

5. 地图查询

实现三项功能，分别是几何查询（拉框查询、画多边形查询、按行政区域查询、按图幅查询、按坐标查询等多种查询方式）、属性查询、模糊查询等。

（1）几何查询：该功能用来实现使用鼠标在地图上进行要素选择，并显示选择结果。包括点选查询、线选查询、圆选查询、多边形查询、面选查询等五种几何查询方式。软件界面见图 4-13。

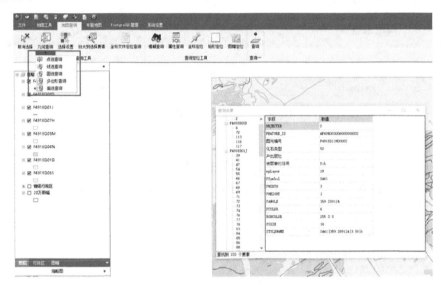

图 4-13　几何查询界面

（2）属性查询：该功能实现通过属性来选择要素。

（3）模糊查询：该功能实现通过字段值查询符合条件的空间要素。软件界面见图 4-14。

图 4-14　模糊查询

6. 制图管理

实现了 16 项功能，对查询出来的专题数据进行制图相关的操作，主要提供制图浏览和制图操作两类工具，如图 4-15 所示。分别是：①制图浏览工具（地图缩放、地图漫游、页面缩放、页面平移、100%等比例显示、前一视图、后一视图、页面旋转）；②制图操作工具（添加制图模板、页面修饰、图形导出、幅面修改、添加标题、添加标注、添加指北针、添加图例等）。

图 4-15　制图工具模块菜单

7. 样式管理

实现了两大功能，对选中的图层进行符号样式的设置。①样式处理：对图层根据属性进行统一样式处理。②符号管理：对系统符号库进行管理，利用符号管理器可以添加、删除当前数据调用的符号库，并可以对日常使用的符号进行修改、删除。对选中的样式符号进行编辑的界面如图 4-16 所示。

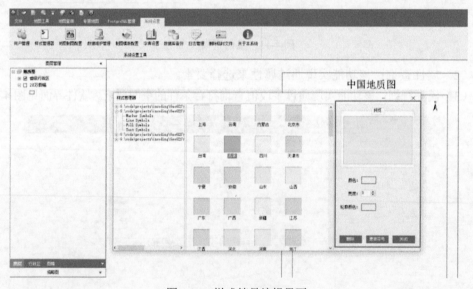

图 4-16　样式符号编辑界面

8. 系统管理

实现了三大功能，分别是用户管理、日志管理、系统帮助。用户管理的权限设置界面如图 4-17 所示。

图 4-17　用户管理权限设置

第五章　OneGeology 中国地质数据发布

按照中国地质调查局关于参加 OneGeology（中文称为"同一个地质"或"全球地质一张图"）发布中国地质图数据的要求，研究人员与国际组织进行了联系，研究了 OneGeology 采用的国际地学技术管理与应用委员会 CGI 地学数据交换标准 GeoSciML（Zhang et al., 2019；刘荣梅等，2021），并按照国际标准加工、整理、翻译了中国 1:100 万地质图分幅数据，及时上网提供数据发布，实现了基于 OneGeology Portal（网站）和中国地质调查局 OneGeologyChina 平台，以最新国际标准发布中国 1:100 万地质图数据（英文、中文）的目标，解决了全球 OneGeology 缺乏中国地质数据的问题，获得了国际赞誉和中国地理信息科技进步奖。该项工作通过对已有数据的核查与英文翻译，建立了完善的英文版中国 1:100 万地质图空间数据库。

第一节　工作背景

OneGeology 是世界范围内有多个国家地质调查机构和国际地学组织参与的地质图数据共享计划（刘荣梅等，2013）。该计划的主要目标是基于 J2EE 技术和分布式 WebGIS 技术在网络上建设一个开放的动态的全球地质图数据库，由各个参与国家的地质调查机构通过地学数据交换标准 GeoSciML 和 ISO19115 元数据标准提供地质图数据服务（http://geosciml.org[2023-02-27]），并在 OneGeology 门户网站整合为一个统一的访问界面，建立基于国际互联网的"分布数据集成展示"的"全球地质一张图"，即数据在物理上分布于不同国家和机构，数据在查询显示上集成于一个屏幕和一张图上。OneGeology 的设想于 2006 年 2 月由英国地质调查局提出，得到了很多国家地质调查机构和国际组织的支持。该计划是地质调查界一项国际性的活动，也是"国际地球年"的一项旗舰项目。长期目标是创建动态的全球电子地质数据集成和应用，实现国际地学数据互联互通，为各国提供并开放已有的不同格式地质数据，目标比例尺为 1:500 万～1:100 万。

该计划由众多国家和组织合作开展，参与的主要组织有世界地质调查联络网、世界地质图委员会（CGMW）、国际地质科学联合会（IUGS）、国际地球年（IYPE）下属的国际机构、联合国教科文组织（UNESCO）和国际地学信息管理与应用技术委员会（ISCGM）等。该计划由五个国际组织的代表组成全球地学编图国际协调委员会（CGI）组织协调，项目指导委员会由相关国家地质调查机构或组织代表组成，秘书处由英国地质调查局组建，法国地质调查局组建技术工作组（https://www.onegeology.org/[2023-02-27]）。

OneGeology 自 2006 年启动以来取得了很大的成效，得到全球地学组织的广泛响应（Simons et al., 2012；刘荣梅等，2013；Komac，2015）。OneGeology 门户网站（http://portal.onegeology.org[2023-02-27]）于 2009 年 6 月正式开始运行，至 2021 年，已有近 120 个国

家 165 家机构参与了该计划，其中 57 个国家（组织）提供了 1：250 万～1：100 万地质图数据服务，部分国家的区域地调机构提供了数据服务（图 5-1）。

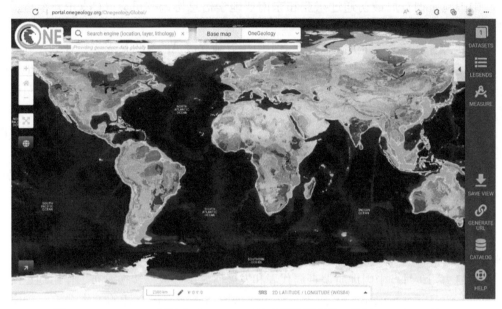

图 5-1　OneGeology 网站全球 1：500 万地质图数据覆盖（截至 2021 年 10 月）

在国际地学信息共享中，采用基于 GeoSciML 地质数据交换标准，将不同部门的地质数据通过该标准的转换包转换为 GeoSciML 格式数据，进而利用 WMS/WFS 技术实现数据的网络发布。用户也可利用 GeoSciML 转换包将 GeoSciML 数据转换为用户需要的格式。这样，各部门不必更改或调整自己的数据库内部结构，即可实现地质数据高效共享。利用 GeoSciML 标准有效解决了以往数据格式转换和直接读取共享模式的缺陷，极大提高共享效率和技术水平。

参加 OneGeology 的意义有以下几点。

（1）OneGeology 是一个世界范围内的地质图信息服务框架，目的是以门户网站的形式整合各个参与国家的地质图数据，提供地质信息的浏览、查询、获取等服务，满足人们对地质信息的需求。它的实施将地质信息服务建设提升到了一个新的水平，使人们通过网络浏览器可以方便快捷地获取世界各国的小比例尺地质图数据信息，而且对于以后建设类似的地质信息服务系统提供指导和借鉴作用，同时也将增加普通民众对地学的了解。

（2）通过参与该计划，增进与国外同行们的交流与合作，不仅可以获取各个国家的地质图数据，还可以促进地球科学研究的发展，扩大我国区域地质调查与研究工作的影响，缩小中国在地质信息服务领域与发达国家的差距，提升国家地质数据服务的能力和水平，为后续工作提供借鉴。

（3）OneGeology 的实施可以提升全球、大陆、行星、海洋地球科学图件编制的合作能力，深化对一些重要地区地质问题的研究，使地学更加接近人们的日常生活。通过和其他学科领域的交流协作可以解决一些跨领域的问题，为进一步的全球合作地质编图打下了良好的基础。

OneGeology 从提出到正式启动都得到了全球地学组织和地质调查机构的关注和支持，被中国列为地学热点领域之一。

中国地质调查局最初通过东亚和东南亚地学信息协调委员会（CCOP）参与了该计划。

2008 年，在第 33 届国际地质大会上中国以独立成员的身份加入了该计划，并且就 1∶100 万中国地质图数据服务、中国地质调查局在操作管理小组、技术小组中的地位作用，以及中国地质调查局承办 OneGeology 工作会议等问题与 OneGeology 负责人员达成了一致意见。

2009 年，中国立项开展 OneGeology 方面的工作，设立了中国 1∶100 万地质图编图项目，并就相关技术细节问题进行了探讨和解决。

2012 年第 34 届国际地质大会期间，国土资源部总工程师、国务院参事张洪涛代表中国地质调查局与 OneGeology 项目协调人——Tim Duffy 博士就中国地质调查局推进 OneGeology 数据共享工作进行了交流。

2012 年 12 月，中国地质调查局成立了"OneGeologyChina"协调委员会，落实由中国地质调查局发展研究中心负责数据转换与共享发布工作。

2013 年 10 月，中国地质调查局代表和发展研究中心数据转换发布工作组通过网络视频全程参加了 OneGeology 技术工作组在俄罗斯圣彼得堡召开的工作会议，确定了 OneGeologyChina 数据的发布方案与主要时间节点。

2014 年，中国地质调查局发展研究中心着手组织开展数据转换与共享发布工作，并委托佛山地质局信息团队协助开展数据整理、属性翻译、数据转换、共享发布软件的研发等。

第二节　研究工作内容

一、主要工作内容

研究工作首先基于 GeoSciML 对比分析了我国地质图数据模型和 GeoSciML 模型关于图层和要素属性方面的异同，从语义融合角度提出了采用我国数据模型的地质空间数据到 GeoSciML 模型的数据映射方法（GeoSciML Modelling Team，2020），并通过实验证明了方法可行性：在数据格式转换和整合过程中保证了信息的完整准确，地质空间数据的互操作性强且符合数据映射要求。这就为我国地质图数据通过 GeoSciML 标准进行国际共享服务提供了方法。在此基础上，研究进行了数据部署与发布的数据分层、数据检查、语言翻译、格式转换、服务部署等相关工作。

（1）对空间数据进行检查与处理。采用相关软件对空间数据进行全面检查，对发现的问题进行记录，主要包括对不规范的图元进行处理，对拓扑关系错误的图元、参数设置错误的图元等进行记录，并进行初步处理。

（2）核实属性内容，对部分缺失属性的图元，则根据其在图面位置、图元参数、地质注记信息等，补充相关的属性内容，补充地质年代数据项、地层单位数据项。

（3）根据数据发布的需要补充部分属性数据项。

（4）进行翻译工作，根据数据发布的需要，确定翻译的数据项，在属性翻译的过程中，进一步核实属性内容，做好核实登记工作。对明显不正确的，能根据内容修改的，直接修改；对需要找资料核实的，则先做记号，等落实后再处理。

（5）通过数据格式转换软件，将 MapGIS 格式数据转换为 ArcGIS 格式数据。

（6）将 ArcGIS 格式数据转换为 Shape 格式。

（7）根据 OneGeology 技术要求，需采用 MapServer 实时地图发布系统进行数据的发布。因此，根据 Shape 格式数据，编制 MapFile 格式文件。

（8）研究选择合适的 WebGIS 软件以及地质图数据共享方案。

（9）研究如何使用 GeoSciML 数据模型对 1∶100 万地质图空间数据编码。

（10）研究基于 GeoSciML 数据模型的中国 1∶100 万地质图的网络要素服务（WFS）发布。

（11）开发基于 1∶100 万地质图的网络地图服务（WMS）的发布系统。

（12）研究将 1∶100 万地质图网络服务（WMS/WFS）注册到 OneGeology 门户网站（http://portal.onegeology.org[2023-02-27]），实现中国 1∶100 万地质图空间数据的整合和共享。

二、技术要求

按照 OneGeology 技术要求准备地质图数据和数据服务器部署：

（1）按 OneGeology 操作手册进行执行 GeoSciML 标准的数据准备。

（2）MS4W 服务版本 2.2.5 及以上。

（3）根据中国地质图数据对国际发布的相关审核要求，建立相应的数据发布网站 OneGeologyChina。

三、研究方法

本研究工作以中地公司的 MapGIS 6.7 软件、美国 ESRI 公司的 ArcGIS 10.1 软件为基础数据处理软件，以基于 MapGIS K9 和 ArcGIS 10.1 进行二次开发的数据格式转换软件进行数据格式转换，以开源的 WebGIS 软件 MapServer（MS4W-MapServer for Windows-version 3.0.6）+ASP.NET+EXTJS 进行开发，开发平台采用 VS 2005（C#）+WIN7，并采用 AJAX 技术实现客户端服务器端的数据传输，采用了基于 Javascript（EXTJS）设计来实现地图基本操作，包括地图的放大、缩小、复位、漫游、定位、属性查询功能、图例显示及界面设计。

数据源采用中国地质科学院地质研究所编制完成的中国 1∶100 万国际标准分幅地质图空间数据库（MapGIS 6.7 格式）。中国 1∶100 万地质图空间数据库采用分幅分层方式存储，共包括 64 幅地质图数据，数据格式为 MapGIS 矢量数据格式（.wp、.wt、.wl）。首先对分幅地质图地质内容点线面图层进行筛选和数据整合（数据的检查与处理、图幅拼接、图元数据合并、属性数据的导出、年代属性的编辑、属性内容翻译、翻译后属性数据的导入等），分别将合并后的地质面图层、线图层、点图层以工程文件的组织方式，采用二次开发的数据格式转换软件转换为 ArcGIS 矢量数据格式（个人地理数据库或文件型地理数据库），然后再利用 ArcGIS 的数据格式转换工具，转换为 shp 格式。

使用开源桌面平台 QGIS，通过导入 shp 格式数据，自动生成基本 MapFile 文件。再利用开发的工具，生成数据图层的信息结构体文本，并拷贝替换原 MapFile 文件，完成数据渲染。然后根据 OneGeology 有关要求，编辑、补充相关内容，完成 MapFile 文件的修改，以及网络服务发布的数据准备工作。

以基于开放地理信息协会 OGC 标准的网络地图服务（WMS）和基于 GeoSciML 数据模型（http://geosciml.org/[2023-02-27]；http://www.geosciml.org/doc/geosciml/4.1/documentation/ogc_spec_translations/16-008_OGC_Geoscience_Markup_Language_GSML4.1-CN2018.08.18.docx[2023-02-27]）（Geoscience_Markup_Language_GSML4.1，2018）的网络要素服务（WFS）为形式实现 1∶100 万地质图空间数据共享。

地质图网络服务的发布通常分两阶段进行。

第一阶段：建立独立的中英文版网页，实现 1∶100 万中国地质图空间数据发布。

第二阶段：将地质图网络服务接口注册到 OneGeology 门户网站（http://portal.onegeology.org[2023-02-27]），实现 1∶100 万中国地质图的空间数据共享。

地质图网络服务的发布通常分三步进行。

第一步：使用 MapServer 软件完成中国 1∶100 万地质图网络地图服务（WMS）的配置、部署和测试。

第二步：使用 Cocoon 2 软件配合 MapServer 完成基于 GeoSciML 数据模型的网络要素服务（WFS）的配置、部署和测试。

第三步：将地质图网络服务接口注册到 OneGeology 门户网站（http://portal.onegeology.org[2023-02-27]），实现 1∶100 万中国地质图的空间数据共享。整个流程如图 5-2 所示。

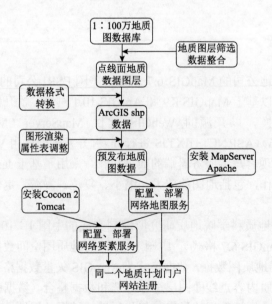

图 5-2　中国 1∶100 万地质图数据网络共享实现流程

第三节 数据质量检查

一、数据源及分布情况

中国 1:100 万地质图空间数据库是在 1:100 万国际分幅地质图编制完成的基础上，应用计算机和空间数据库技术建立的一套覆盖了中国陆疆区域，经纬度范围为 72°E～138°E，16°N～56°N，包括台湾岛、海南岛的大型地质图空间数据库，数据库基于 MapGIS 6.7 平台，采取统一投影、统一编码和统一数据格式建成，包括地质图数据库、地理底图数据库和元数据库三部分，以分幅形式存储，每幅图的经纬度为 4°×6°，共包括 64 幅 1:100 万国际分幅地质图，使用等角圆锥投影和地理坐标系，每幅地质图都是该数据库的一个基本组成单元，采用分层方式存储，包括地理底图数据、地质图数据、图例数据、图外整饰数据和元数据。使用相同的系统库，其属性数据也遵循同一标准。

64 幅 1:100 万国际分幅地质图按百万分幅存放，每幅的文件命名及图层情况（一般为五个图层，个别存在一些中文描述的图层），见图 5-3 和表 5-1。

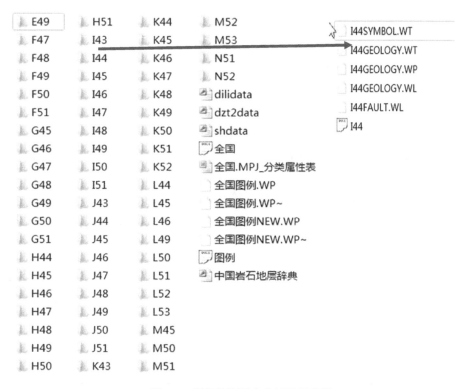

图 5-3 图幅的图层命名情况示意图

表 5-1　图层在图幅中出现情况表

序号	分类类别	幅数/幅	文件数/个						
			地质体	地质界线	注记	断层	引线	同位素等	其他
1	E49	1	1	1	1	1	1	1	0
2	F47-51	5	5	5	5	5	4	4	0
3	G45-51	7	7	7	7	7	2	3	0
4	H44-51	8	8	8	8	8	3	8	0
5	I43-51	9	9	9	9	9	2	9	1
6	J43-51	9	9	9	9	9	5	9	5
7	K43-52	10	10	10	10	9	4	10	2
8	L44-46, L49-53	8	8	8	8	7	4	7	0
9	M45, M50-53	5	5	5	5	4	2	3	0
10	N51-52	2	2	2	2	2	0	1	0
总计		64	64	64	64	61	27	55	8
						343			

经过统计，主要图层图元数量如下。

地质体图元数：105952 个；

地质界线图元数：294228 个；

断层界线图元数：46083 个；

注记图元数：184560 个。

同位素、钻孔等符号本项工作不需要，故不做统计。

属性数据情况：经统计在图幅中出现了 343 个图层表，翻译条目数为 17414 条（表 5-2），约为 33.2 万中文字数（表 5-3），主要涉及岩石地层单位、年代、层序，岩性、地质构造、地质界线接触关系、断层的性质等，见表 5-2 及表 5-3。其中，从条目数及字数考虑，地质体属性翻译约占总工作量的 90%，其次为断层界线，线属性约占总工作量的 3%，地质界线占 7%。

表 5-2　合并相同项后需翻译内容条目数　　　　　　　（单位：条）

类别	地质体	地质界线	断层界线	同位素等
UNITNAME	6282	—	—	—
DISCRIPTOR	7325	220	746	1728
ATTR	—	115	146	—
NAME	—	175	677	—
总计	13607	510	1569	1728
		17414		

表 5-3　合并相同项目后需翻译内容字数　　　（单位：个）

类别	GEO.WP	GEO.WL	FAULT.WL	SYMBOL.WT	总计
UNITNAME	55610	—	—	—	55610
DISCRIPTOR	188996	7392	30774	33340	260502
ATTR	—	533	888	—	1421
NAME	—	1510	5945	—	7455
总计	244606	9435	37607	33340	332443

二、数据源质量情况及处理方法

经检查，所收集的数据还存在一定的质量问题，主要是空间拓扑质量问题、图元参数设定问题、相邻图幅接边数据不一致（包括空间位置、地质体命名、图元参数等不一致）问题、属性数据的缺失、不完整、内容存在错误等，除此之外还存在一些数据分层归类不正确、断层线放到地质界线图层，缺失图元及属性内容等。经整理发现，在 62 个百万图幅中，存在区拓扑错误的有 17 个。图幅整理情况分类归纳参见表 5-4 和图 5-4。

表 5-4　图幅整理中发现属性内容为空的图元

序号	ID	面积	周长	U...	TYPE	CO...	FI...	FIL...	FILLHEIGHT	Code1	Code2	SYMB...△	UNITNAME
276	277	0.000000	0.008947		0	0	0	0	0.00	0	0		
284	285	0.000000	0.005750		0	0	0	0	0.00	0	0		
74	75	0.000000	0.000453		0	0	0	0	0.00	0	0		
358	359	0.000000	0.000327		0	0	0	0	0.00	0	0		
641	642	0.000001	0.058092		0	0	0	0	0.00	0	0		
370	371	0.002017	0.183242	06...	1	1371	0	0	0.00	105200	0	CP⊥	拉巴组（滇西）

图 5-4　1277 号区、285 号区、75 号区、359 号区拓扑错误（实例）

（一）地质体图层数据核查与处理

工作过程中遇到的数据质量问题及处理情况，以图幅 F47 为例，简述如下。
图幅 F47 存在五个记录没有属性内容。

处理方法：上述五个错误图元均为数字化线图元不正确或建立拓扑关系方法不正确，需要采用区合并进行处理，根据地质知识及图面情况，将该区合并到其他图元，与之相关的多余线也要删除，经查，造成上述拓扑错误的线均为断层界线。

（二）断层界线核查与处理

（1）参数设置情况。断层图层中存在许多线参数设置不正确，有许多线型为 0，辅助线型为 0，颜色为 3 号色。另外，断层界线的颜色设置也不一致，有部分设置为红色，有部分设置为黑色。

（2）断层属性情况。合并后的总断层界线，存在 157 条断层没有属性值。

（3）断层界线的完整性。通过分析，总断层界线不完整，从图面可知，部分界线放在地质界线图层，参数也与地质界线一样。

（三）地质界线质量情况

多个图幅图元存在线颜色参数设置为 9 号色（白色）现象，但从属性 ATTR 值内容可知该类线为断层界线；还有一个图幅（M52），图元颜色参数为 9 号色，属性数据项 Code2 为 202002，其余属性值为空，据图面可知该类图元也为断层线。

多个图幅线型存在 0 号线型现象，该类线型的线无法还原显示，根据分析，该线型的图元内容有些有境界线，有些是地质界线等。

（四）属性核查与处理

（1）部分属性条目语句不完整。

（2）组名、群名存在错别字，或用字/词不统一。如"山乍山曲组-岞岫组""博莱田组-博菜田组""固山组-崮山组"等。

（3）组名、群名出现重复现象。如"黄龙组、马平组、大埔组、黄龙组、南丹组"出现两个"黄龙组"。

（4）部分语义不明。

（5）属性表问题：①图幅 J48 的 FAULT.WL 属性表无 Code3 列；②图幅 L45 的 SYMBOL.WT 属性表无 userID 列，但 ID 列内容似为 userID 列内容；③图幅 M51 的 SYMBOL.WT 属性表岩性描述数据项名 DESCRIPTION，其他图层对应的数据项均为 DESCRIPTOR。

（五）相邻图幅接边情况

相邻图幅之间接边存在较多问题，主要是地质表达不一致，如参数不一致、地质代号不一致、属性内容不一致等，如表 5-5 所示。整理过程中处理了 312 个相邻图幅接边问题。

表 5-5　图幅间接边问题数据情况表

序号	问题截图	问题

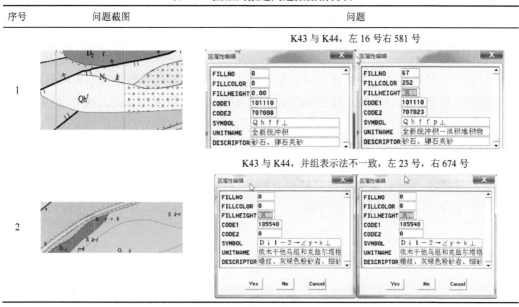

第四节　数据综合处理

为了提高数据的质量，保证数据转换的正确性，需对空间数据进行全面的检查，针对检查的情况，具体制定不同的处理方法。

一、空间数据处理

（一）地质体

针对空间数据拓扑问题分析，造成拓扑错误的原因可能是地质体图元造区时前期检查工具欠缺、工程流程安排不当等。许多没有属性的图元均为小图斑，且这些小图斑是由于封闭的造区地界线不够严格或存在重叠，造成生成的拓扑多生成了一个小区。因此，对大多数图元的处理是需要将这些小图斑合并到相邻的地质图元中，同时将多余的线删除就可以了。但是，对于一些特殊的错误，如地质界线未剪断的，在合并区时，还需要根据区的位置将线段剪断，然后再合并区，并删除多余的线。另外，对于图元正确，但属性内容确实缺失的，则根据图面地质图内容进行补充。

（二）地质界线

对地质界线进行全面的检查，主要包括图元参数、分层的正确性、属性内容等。根据检查情况分析错误原因，如参数中线型为 0 的或图元颜色参数为 9 号色的，如果是断层界线，则将其挑选拷贝到断层图层，并补充简单的属性内容，并在描述中说明是断层线；如果是颜色错误的，则原则上改为黑色；如果是线型的，则根据图面情况，能修改的则修改，如果是多余的，则删除。

（三）断层界线

对断层界线进行全面的检查，针对断层图层中存在许多线参数设置不正确问题，按具体情况进行修改，并将断层线的颜色统一设置为红色。线型为 0 的，统一改线型为 1 号，辅助线型为 0；有些断层界线不完整，分析原因可知大部分界线放错了位置，这些缺失的断层线建库时放到地质界线图层中，因此把它们从地质界线中挑出来，添加到断层界线图层中，并补充部分属性即可。合并后的总断层界线，存在 157 条断层没有属性值，浏览这些图元，如果是与其他图元属同一线的，则拷贝相应属性可完成属性内容修改；如果不是，则根据图面情况，只能补充简单的描述性数据项，并标明为断层界线。

（四）图元参数

统一对有错误的图元参数进行更正处理。对地质界线设置为蓝色、断层界线为白色、线型为 0 号线型（该线型系统库中不存在，无法正常显示还原图元）的，按实际情况进行更改，确保颜色的一致性和易读性。

（五）属性内容

除属性为空的内容是在数据检查中进行更正处理外，其他属性内容的检查是在翻译过程中记录下来，然后由专家确认后再修改。对于一时无法修改的，则只对问题进行记录，暂不修改。

（六）数据项

在属性结构一致性检查中，发现个别图幅的数据项名不一致，如图幅 M51 的 SYMBOL.WT 属性表 DESCRIPTION 列，其他图幅的大多数为 DESCRIPTOR，故需要改为后者。另图幅 J48 的 FAULT.WL 属性表无 Code3 列，需要补充。

另外，根据工作需要增加一些字段，如地质年龄数据项，为了让图元能按国际标准用色展示需增加 RGB 值数据项等。

（七）综合整理

完成数据的错误检查与更正后，对数据进行综合整理，内容包括压缩存盘、ID 重排、缺失数据项的内容补齐等工作。

（八）不同图幅同类数据合并

为了方便发布数据时图元的装载，分别将地质体图层、地质界线图层、断层界线图层按同类数据合并，形成三个总图层。

由于翻译工作量比较大，数据发布软件调试需要数据的支持，故合并的总图层数据并没有挂接翻译内容，该翻译属性内容是在数据格式转换后，在 ArcGIS 系统中进行挂接的，这样对翻译内容进行更新也方便。

二、数据格式转换

网络地图服务 MapSever 不支持 MapGIS 格式数据，但支持 ArcGIS 的 Shape 数据格式，因此需要进行数据格式转换。本次数据格式转换采用佛山地质局开发的数据格式转换工具完成，该工具是基于 MapGIS K9 和 ArcGIS 10.1，采用 VS 2005 进行开发的，提供双平台互操作功能，所转换的数据可与原数据同时显示，以方便检查转换的结果。经检查，转换效果很好，与原图基本一致，没有缺失图元现象。数据转换的操作见图 5-5。转换的数据为 ArcGIS 10.1 版的文件型或个人地理数据库，完成后进行属性翻译内容的挂接，还需再根据 ArcGIS 10.1 版提供的数据交换工具，转换成 Shape 格式。

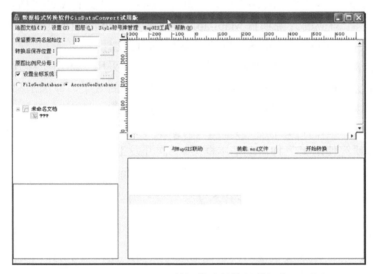

图 5-5   GisDataConvert 数据格式转换软件操作界面图

三、生成 MapFile 文件

基于 MapServer 和 1：100 万中国地质图构建网络地图服务需要对 MapServer 进行配置和部署。配置的重点是制作一个名为"CHINA1MMAP_ENGLISH.map"的 MapFile 文本文件。MapFile 文件规定了地质图网络地图服务的属性信息，包括数据源、输出数据格式、图例、元数据信息、图层渲染方式等。

针对不同的数据文件或者数据库的方式，MapFile 为 MapServer 提供基本的配置机制，是 MapServer 制图的核心内容之一。MapFile 文件将各种地图要素组织成具有层次关系的对象系统，MapFile 文件中要定义字体、投影、数据表现形式、模板、空间数据层等参数。由于本系统基于 MapServer 开发，在运行中需要 MapFile 配置文件，每个

MapFile 文件都定义了若干要素，其中包括比例尺、图例、地图的颜色、地图名称、地图图层等。通过 MapFile 可视化编辑工具 QGIS，可进行 MapFile 文件的可视化编辑。QGIS 是一款轻量级的 GIS 数据查看编辑软件，为 Map 文件的编辑和显示提供了平台。

在 MapFile 文件中，Map 是根节点，其属性定义包括了工程应用的大部分参数，如 OUTPUTFORMAT（输出图像）、PROJECTION（投影）、LENGEND（图例）、WEB（元数据）、LAYER（数据源）等。Map 节点包含一个或者多个 Layer 节点，Layer 节点对应于一个数据图层，数据图层可以是文件格式或者空间数据库。MapFile 文件制作完成后即可在服务器端部署 1：100 万中国地质图网络地图服务，以供用户浏览和查询，初步完成 1：100 万中国地质图空间数据的服务器端的配置。

目前常见的 MapFile 有三种编写方式：

（1）参考官方文档 MapFile 章节手工编写，这种方式要求开发人员对 MapFile 的编写规则非常熟悉，否则很容易出错。

（2）MapLab 配置类似 ArcGIS Server 和 GeoServer 提供的 Web 图形化配置界面，MapServer 有一个对应的开源项目 MapLab，提供基于 Web 的图形化配置界面。

（3）使用开源桌面平台 QGIS，自动生成 MapFile 文件。

由于图层表达的颜色、类别内容特别多，如果渲染采用上述第三种方式进行生成处理，是一件十分费时费力的事情，而且还很难达到预期的效果，原因是都需要人工按软件的操作界面手工设置，定义每个类别的颜色、宽度参数、填充图案等，几百到上千个这样的定义十分烦琐、容易出错，而且定义的参数与实际的会相差比较大，达不到预期效果。因此，本研究使用第三种自动基本框架+二次开发工具软件生成渲染的结构体+第一种进行手工编写，修改相关内容的方式，实现制作 MapFile，具体实现流程如下。

（一）制作 MapFile 所需的花纹符号等

由于地质图数据表达内容丰富，采用不同的颜色+填充图案的方式来表示不同的地质体，填充花纹能较好地反映地质体岩性信息，具易读性。为了能在 MapFile 文件中较好地表达该类信息，需要制作花纹符号。

本次制作花纹符号主要是在地质图数据生产软件 GeoMap 上完成，具体方法就是利用软件中生成地质图图例的功能生成地质图的图例，然后利用还原显示功能，对图例进行还原显示，并把该图按一定的比例（屏幕观察符号大小对应于印刷输出图纸的比例大小即可）缩放，采用截图软件，对每个图例进行截图，并按"花纹号_颜色号.gif"的格式保存截图图像，如"066_805.gif"，在截图过程中，还需要注意花纹的对称性。完成所有截图后，把全部图像拷贝到发布系统的 Symbol 目录下。

（二）采用 QGIS 自动生成 MapFile 框架

下载开源桌面平台 QGIS 并安装，操作如下。

（1）打开 Quantum GIS，导入转换后的 shp 格式数据。

（2）进行渲染设置。在 QGIS 中进行渲染需要手工操作，完成一个又一个的样式设计，工作比较费时。因此，为提高工作效率，这里只需要简单设置，该渲染结构体的代码由二次开发软件实现。

（3）导出 map 文件。单击菜单栏中的 web→mapserver export→mapserver export 导出 map，选择地图文件保存路径，设置 mapserver url、地图参数，保存工程（图 5-6）。

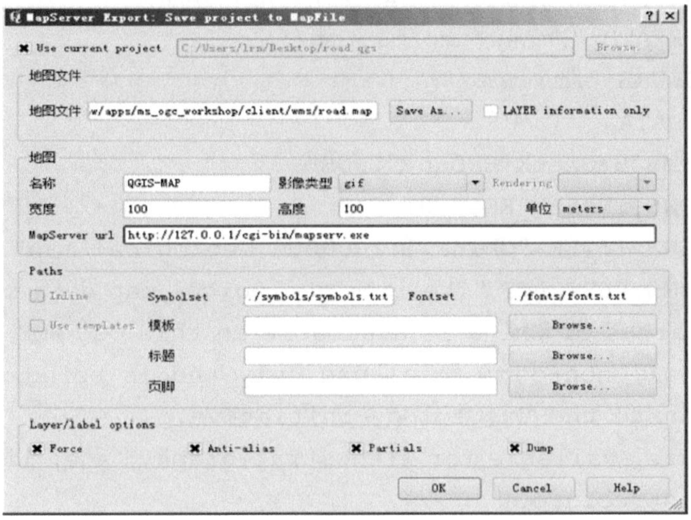

图 5-6　导出 map 文件

（三）替换 map 图层渲染结构体内容

开发 MapFile 结构体生成软件，利用该软件生成 map 图层渲染结构体内容，并拷贝替换原先生成的内容。

软件提供了三种功能：一是生成 Class 结构，该功能包括生成颜色、填写图案的结构体，主要用于区渲染；二是生成纯颜色 Class 结构，该功能只生成颜色的结构体，主要用于线渲染；三是生成 Symbol_Class 结构，主要用于填充图案采用图像符号的结构体。

（四）手工修改 map 相关内容

此时，所生成 map 文件还需要进行手工修改，主要进行下面几方面的检查与修改：

（1）标识的修改；

（2）命名及图形单位的修改；

（3）图幅范围的检查与修改；

（4）字体集、符号集及投影参数的检查与修改；

（5）输出格式的检查与修改；

（6）图例的检查与修改；

（7）启动界面定义及元数据等修改，如下：

```
#=============================================================
# Start of web interface definition (including WMS enabling
metadata)
```

```
#============================================================
WEB
  # HEADER "templates/query_header.html"
  # FOOTER "templates/query_footer.html"
  IMAGEPATH "/ms4w/tmp/ms_tmp/"
  IMAGEURL "/ms_tmp/"
  METADATA
    WMS_BBOX_EXTENDED "TRUE"
    OWS_ENABLE_REQUEST "*"
    OWS_TITLE "China 1:1000000 Geological map"
    WMS_ABSTRACT "The 1:1m geological map data covering the
whole land areas of China is available in this OGC WMS service for
your personal, non-commercial use only and is being served as a
contribution to the OneGeology initiative.
  Layers are available for lithostratigraphy, age, lithology and
geological structure.
  For more information about China geological maps that are
available please visit http://www.geodata.cgs.gov.cn"
    OWS_KEYWORDLIST
"OneGeology,geology,map,China,lithology,lithostratigraphy,age,s
tructure,MD_LANG@ENG,MD_DATE@2013-10-22"
    OWS_SERVICE_ONLINERESOURCE
"http://www.onegeologychina.cn/digmapgb.html"
    OWS_CONTACTPERSON "Yang Tiantian"
    OWS_CONTACTORGANIZATION "China Geological Survey"
    OWS_CONTACTPOSITION "International Cooperation"
    OWS_ADDRESSTYPE "postal"
    OWS_ADDRESS "45 Fuwai Street,Xicheng District"
    OWS_CITY "Beijing"
    OWS_STATEORPROVINCE "Beijing"
    OWS_POSTCODE "100037"
    OWS_COUNTRY "CN"
    OWS_CONTACTVOICETELEPHONE "+86 10 58584683"
    OWS_CONTACTFACSIMILETELEPHONE "+86 10 58584683"
    OWS_CONTACTELECTRONICMAILADDRESS
"ytiantian@mail.cgs.gov.cn"
    OWS_FEES "none"
    OWS_ACCESSCONSTRAINTS "The 1:1M geological map data is
```

available online for your personal, teaching, research, or non-commercial use （The copyright belongs to Development Research Center of China Geological Survey）. Your use of any information provided at http://www.onegeologychina.cn is at your own risk. "

```
        WMS_FEATURE_INFO_MIME_TYPE  "text/html"
        WMS_SRS "EPSG:4326 EPSG:4214"
    END
  END
```

（8）图层及数据源存放目录的设置等；

（9）其他设置与修改：

```
TEMPLATE "templates/FAULT.html"
HEADER "templates/FAULT_header.html"
FOOTER "templates/FAULT_footer.html"
```

第五节　属性数据翻译与挂接

一、工作流程及方法

（一）工作流程

翻译的主要工作内容及工作流程如下：

（1）导出属性数据至 Excel 表格；

（2）按图层及数据项分类进行检查及统计；

（3）按属性表名称合并同类属性表；

（4）合并整理属性数据，去掉重复多余数据；

（5）文件内容分类翻译，登记存在问题及标记错误；

（6）组织专家审核翻译内容；

（7）根据审核反馈进行修改调整；

（8）翻译内容自检；

（9）核对标记的问题及错误，确定处理方法，能处理的则进行修改，不能处理的暂保留；

（10）链接属性，增加翻译信息数据项；

（11）进行后期数据整理工作。

（二）工作方法

1. 前期准备工作

用 MapGIS 属性库管理工具分别导出各图幅所有属性表（共 64 幅，343 个图层表），把导出的属性表根据属性类型进行分类，形成统计表。按属性表名称合并同类属性表，整理去掉重复条目，统计需翻译条目数及字数（表 5-6、表 5-7）。由于 Geology.WP 文件的中文内容主要涉及 UNITNAME 和 DESCRIPTION 项，该两项数据是多对多的关系，为提升效率，把两项数据分别唯一值进行索引，建立索引文档，分开进行翻译。

2. 翻译参考标准

翻译专业词汇主要参考"中国岩石地层辞典"数据库、《1：5 万区域地质图空间数据库建设标准代码汇编（2009 版）》以及《地球科学大辞典》（地质出版社）；若出现"标准代码汇编"所示译词与《地球科学大辞典》不一致时，参照外文释义决定使用；少量无参考的专业词汇使用翻译软件翻译及上网翻译时，应通过多方对比，再根据掌握知识，确定翻译内容。在翻译岩石地层单位时（群、组等），对于未收录在"中国岩石地层词典"的地层单位，参照其在中英文网络使用情况翻译，并记录下来。

3. 对发现的问题及错误的处理

在翻译时发现疑问或错误，应及时对其标记及记录，随后整理，随翻译原文一起分两批交由专家进行审查和确定，待翻译完成后再进行系统分析，确定修改方案，进行统一修改处理。此外，为方便后续的检查、修改，对出现主要问题及处理方法进行归类汇总。

二、属性翻译及工作量

本次属性翻译工作图幅为 64 幅，翻译最大的工作量是进行地质体属性的翻译，占总工作量的90%，即主要翻译了 GEOLOGY.WP 属性表的中文部分（共 64 个表），合并去重复项后，条目数（下同）共 13607 条，约为 24.46 万中文汉字，主要涉及岩石地层单位、地质年代、层序、岩性及地质构造等内容，译为英文后约为 11.52 万字，共 81.38 万字符；由于原属性地质年代用地质代号表示，为与 OneGeology 国际标准接轨，将新增一列英文地质代号属性，根据原属性表地质代号翻译成相应的英文地质年代内容，共 4893 条，译为英文后约为 0.82 万字，共 7.9 万字符。地质体总计属性翻译共 12.42 万字，89.84 万字符。见表 5-6 及表 5-7。其他翻译的工作量为地质界线及断层界线，大约占总工作量的 10%。

表 5-6　地质图翻译的工作量统计

GEO.WP	条目数/条	中文字数/万字	英文词数/万字	英文字符数/万字符（不计空格）
UNITNAME	6282	55610	25422	166852
DISCRIPTOR	7325	188996	89788	646987
总计	13607	244606	115210	813839

表 5-7　地质图总翻译工作量统计

类别	条目数/条	中文字数/万字	英文词数/万字	英文字符数/万字符（不计空格）
GEOLOGY.WP	13607	244606	115210	813839
地质年代	4893	31081	8194	79071
网页简介	—	1696	870	5502
总计	—	277383	124274	898412

三、发现的问题及解决方法

主要发现原属性以下几类问题：

（1）组名、群名存在错别字，或用字/词不统一；

（2）地名翻译问题，特别是西藏的地名翻译问题；

（3）重复属性内容问题；

（4）属性不完整，包括句子不完整及部分字、词缺漏等；

（5）属性数据项内容存在多余字、词等；

（6）错别字，包括地层单元名称及岩性名称的错别字；

（7）句子表达不通顺，包括语序、重复等问题。

所有问题，最终统一核实、确认后，再修改，并记录修改结果。举例说明如下。

（1）部分属性条目语句不完整，实例如图 5-7 所示。

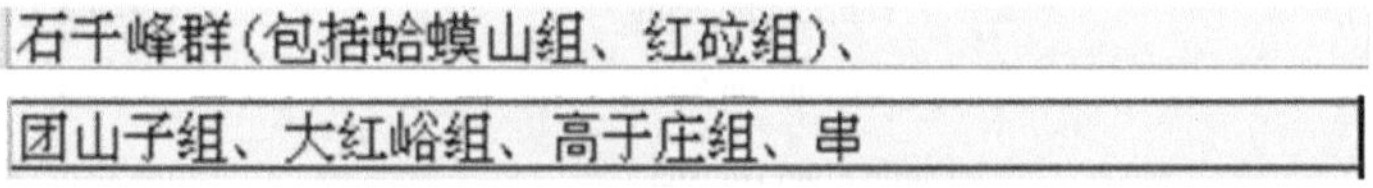

图 5-7　属性条目语句不完整的实例

处理方式：标记相关数据，参考地质专家意见，能明显判断出缺漏信息的，对原文进行补充修改，并且补充相应译文；若不能判断，则保持原文，省略不译。

（2）组名、群名等存在错别字，或用字/词不统一，如"山乍山曲组-岹岫组""博莱田组-博菜田组""固山组-崮山组""梁山组-梁山组"等。现对该类问题处理方法为对没有收录在所提供的岩石地层数据库的部分组名、群名等从其他标准或权威书籍考证后录入并标记。部分中文组名、群名能识别出错别字的，按正确名称翻译，并标记。部分中文组名、群名在《中国岩石地层辞典》及网上皆无法查到的，现参照拼音录入译名并记录，但并不排除原名称错误、存在错别字等导致查询不到。因该类问题不明显，较难发现及查证，为保证修改结果的准确性，查证时尽量多比较年代、上下地层等内容，并进行相关备注。

（3）地名翻译。西藏及台湾部分地名外文名称与拼音直译不同，是采用中文拼音还是使用外文翻译？目前统一采用中文拼音翻译（表 5-8）。

表 5-8　西藏及台湾部分地名拼音名、外文名对比

中文地名	拼音名	外文名
阿尼玛卿	Animaqing	A'nyêmagên
安多	Anduo	Amdo
班戈	Bange	Baingoin
班公湖	Bangong Hu	Bangong Co
察隅	Chayu	Zayü
昌都	Changdu	Qamdo
措勤	Cuoqin	Coqên
甘孜	Ganzi	Garzê
拉萨	Lasa	Lhasa
芒康	Mangkang	Markam
南迦巴瓦	Nanjiabawa	Namjagbarwa
聂荣	Nierong	Nyainrong
怒江	Nu Jiang	Nu Jiang
羌塘	Qiangtang	Changtang
日喀则	Rikaze	Xigazê
申扎	Shenzha	Xainza
西瓦利克	Xiwalike	Siwalik
亚东县	Yadong Xian	Yadong(Chomo) County
雅鲁藏布江	Yaluzangbu Jiang	Yarlung Zangbo Jiang
喀喇昆仑山	Kalakunlun Shan	Karakorum Shan
大屯山火山群（台湾）	Datun Shan Huoshanqun	Tatun Shan volcanic cluster

地名简称翻译问题：是按简称直译，抑或根据其全称翻译？

处理方式：地名简称按其全称翻译，如表 5-9 所示。

表 5-9　地名简称翻译示例

中文地名	现使用翻译规则
川	Sichuan
滇	Yunnan
川盆	Sichuan Basin
班-怒带	Bangong Lake-Nu River Structure Zone
班-八	Bange-Basu

（4）重复。如"黄龙组、马平组、大埔组、黄龙组、南丹组"出现两个"黄龙组"，应判断是原属性错误还是存在两个系列（"黄龙组、马平组"一系列，"大埔组、黄龙组、南丹组"一系列）。

处理方式：翻译时保留重复。

（5）部分语意不明。例如，句子并列关系中有两个"夹"，使句子有歧义，"灰黑色泥质灰岩夹白云岩、白云质灰岩及钙质粉砂岩、泥质夹碳质页岩和煤层"。

处理方式：标记存在歧义语句，记录翻译及原文处理方式。

（6）数据超长。由于 Shape 格式的数据表字段最长只能接受 253 个字符，经查 DISCRIPTION 字段译文内容共有 64 条超过此长度。

处理方式：对于超过长度的译文条目，首先删除标点符号后面的空格；若未达到规定字符数，则将根据情况省略颜色、修饰等词语，如果字数还超，则删除夹层关系等描述词语，保证主要岩性完整，同时标记删减条目，原完整翻译内容留底。

（7）属性表问题。

图幅 J48 的 FAULT.WL 属性表无 Code3 列，需要补充。

图幅 L45 的 SYMBOL.WT 属性表无 userID 列，但 ID 列内容似为 userID 列内容，需补充。

图幅 M51 的 SYMBOL.WT 属性表描述性数据项名为 DESCRIPTION，应统一改为 DESCRIPTOR，使其与其他图幅 SYMBOL.WT 属性表相一致。

（8）对中国岩石地层数据库中未收录的岩石地层单位以及地名、构造带的翻译处理办法。

对中国岩石地层数据库中未收录的岩石地层单位以及地名、构造带的翻译进行边工作边记录整理，把处理结果汇总留存，以便今后修改利用。

四、属性挂接

完成属性的翻译工作后需要进行图元与翻译属性内容的挂接工作，该工作在 ArcGIS 系统下通过属性连接模块完成。由于翻译工作是分别按单元名称、岩性描述进行索引，建立唯一值来翻译的，故连接属性时必须分两次才能完成属性挂接工作。完成后对挂接内容进行排序检查，无误后再利用 ArcGIS 提供的数据格式转换工作，将数据转换为 Shape 格式。

值得注意的是 Shape 格式数据属性表是以 dBase 数据库格式存放的，在数据转换过程中，当字符串长度超过 254 时，会发生截尾，使属性数据内容不完整。经检查，本次中文的属性数据项内容字符串长度均不超过 254，但译为英文时，则存在 180 多条记录超过 254，处理方法是首先删减空格，然后把涉及超长字符串的记录中文字符"，""；""："等统改为西文字符间隔。结果发现只有 64 条译文超过 254 个字符。因此，研究决定按删减部分颜色和夹层内容，保留主要岩性等的原则，删除部分修饰性词语，使其能满足要求。

第六节　系统开发与数据发布

一、系统开发

（一）原型系统的开发和测试，验证方案的可行性

为了稳妥地推进该项工作，采用先进行试验性开发的方式，研究实施的方案。2013

年 6 月，结合 MapServer 自带的示例改进，初步实现 1：1000000 中国地质地图的显示、浏览、查询、图例的显示、鹰眼、比例尺等功能，并编写了开发的可行性方案和提供地质数据发布系统试验程序。

该项工作主要是基于客户端的开发，使用 Javascript 语言编写脚本，配置相关参数和服务器链接，如图 5-8 所示，将该脚本嵌入到相应的 html 中实现。

```
<!-- the DHTML JavaScript library includes -->
<script type="text/javascript" src="javascript/cbe/cbe_core.js"></script>
<script type="text/javascript" src="javascript/cbe/cbe_event.js"></script>

<!-- MapServer specific JavaScript library includes -->
<script language="javascript" src="javascript/mapserv.js"></script>
<script language="JavaScript" src="javascript/dbox.js"></script>

<!-- utility library -->
<script language="JavaScript" src="javascript/utils.js"></script>
```

图 5-8　服务器配置编程图示

其中核心脚本是 MapServ.js，如图 5-8 所示，系统中的各项功能，都是基于 MapServ.js 来实现的。系统实现界面如图 5-9 所示。

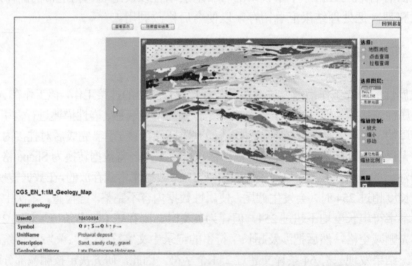

图 5-9　基于 MapServer 的地质数据发布平台查询属性数据界面

（二）确定方案，提升系统功能

通过研究认为，完全基于核心脚本 MapServ.js 技术进行开发，不能满足本工作的需要，需对系统进行改进。因此研究决定采用基于 MapServer（MS4W-MapServer 4 Windows-version 2.2.5）+ASP.NET+EXTJS 开发，开发平台为 VS 2005（C#）+WIN7（32 位或 64 位），采用 AJAX 技术实现客户端服务器端的数据传输。地图基本操作包括地图的放大、缩小、漫游、查询功能及界面设计，采用了基于 Javascript（EXTJS）设计来实现。

（三）解决技术问题

由于布置工作时按 OneGeology 的技术要求采用了 MapServer（MS4W-MapServer 4 Windows-version 2.2.5），在前期试验中，是进行的单图幅数据试验，数据渲染的样式较少，地质体图层合并后花纹数量远多于 255 个，但后来用该版本进行网络地图发布时发现，对填充花纹数超过 255 个则不支持，系统出错。为了解决该问题，研究人员进行了多种方法的试验，通过网上了解可知，MapServer 4 Windows-version（MS4W）3.0.6 版可解决较大数量的填充花纹显示问题。因此，进行系统服务器端升级，将 MS4W 版本由 2.2.5 升级到 3.0.6，客户端代码引用库相应升级到 3.0.6 版本。

升级服务器端版本后，查看地图发现图上的花纹都可以正常显示，但通过客户端查看数据发现程序出错，后来发现客户端程序引用的动态库和服务器端的版本是配套的，因此还要实现客户端的同步更新升级，在对客户端升级的过程中遇到了很多的开发方面的问题，克服了很多的困难，经过团队的共同努力，解决了客户端版本升级问题。通过图层的合并显示，将 MapFile 中的地质体图层中原有的 64 个合并成了一个，大大提高了地图显示的效率。服务器升级后的 MS4W3.0.6 版本页面显示结果如图 5-10 所示。

图 5-10　MS4W 服务连接测试图示

（四）技术交流及完善 MapFile 文件

（1）实现了 MapFile 文件的标准化工作。该项工作整理了 MapFile 文件中各项内容的标准化，包括数据的描述、投影、图层命名、模板的格式以及图层渲染方式等。

（2）针对查询的地质体、断层、地质界线的属性检查了数据的正确性，检查内容包括地层年代、地质体颜色、断层属性等各方面，对用于查询显示的字段进行了研究、确认等。

（3）针对图幅拼接情况进行了截图，并对后续如何处理进行了讨论。

（4）讨论了注册发布数据到 OneGeology 网站的工作，提出查询模板的设计方案。

（五）系统配置、挂接和测试工作

进行系统的服务器端配置工作和配置更新工作，经过初步测试，发现一些错误，如下所示：

（1）在不同的浏览器上，地图的显示范围出错；

（2）没有坐标显示功能，查询结果面板在拖动后，面板中的查询记录列不能同步变化；

（3）查询结果中的中英文字段表达不规范，中英文控制图例的中英文显示出错。

（六）系统工具栏上的图标不规范

针对系统功能上的不足，经认真研究，提出了具体的修改意见方案。针对出现的问题进行一一修改完善。另外增加如下功能：

（1）根据图幅编号实现地图跳转和根据坐标实现地图跳转；

（2）根据中英文切换查看中文和英文的图例；

（3）系统目前支持 IE 和 360 浏览器（兼容模式）。

系统的配置和挂接工作具体流程和方法如下：

中国地质调查局网站安装 sqlserver 2005，运行网站中带的 sql 脚本还原数据库，将数据导入到数据库中，配置中国地质调查局网站下的 webconfig 文件中的数据库连接项。

右击"管理-服务-应用程序"打开 Internet 信息服务管理器。

修改主页上的 OneGeology 链接到 OneGeology 网站（图 5-11）。

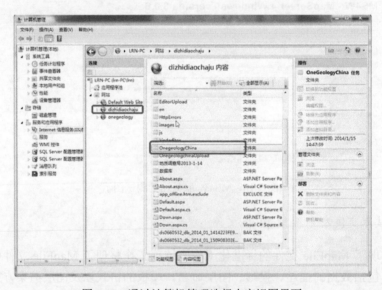

图 5-11　通过计算机管理选择内容视图界面

选择中国地质调查局网站，单击内容视图，选择打开 OneGeologyChina，选择 login.aspx 页面后，右击浏览，到登录面后选择语言版本，在数据库中找到对应的用户名和密码登录（图 5-12、图 5-13）。

登录成功后，单击首页，单击"欢迎来到 OneGeologyChina"，找到跳转链接（图 5-14）。

右击弹出菜单，选择超级链接属性，将 url 栏内容改为 OneGeology 网站链接，打开类型选择新窗口。单击确定，单击修改，完成配置工作（图 5-15）。

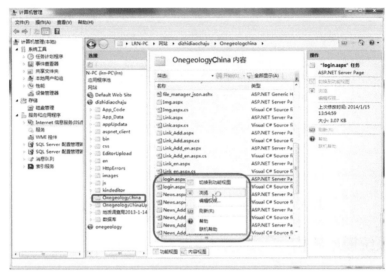

图 5-12　内容视图目录设置登录页面项

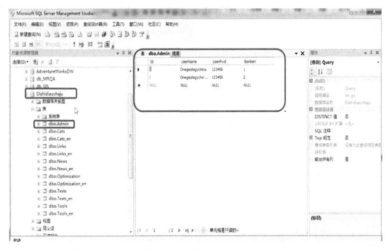

图 5-13　在登录面上添加后台管理的用户名及密码

图 5-14　后台维护管理界面中设置 Portal.OneGeologyChina.org 界面

图 5-15　后台维护管理界面中设置超级链接属性界面

二、系统模型架构

基于自由软件构架的 WebGIS 站点的开发和架设可以有很多策略,本系统利用 WIN7 操作系统作为服务器，选择 IIS7 作为 Web 服务器，MapServer 作为 WebGIS 服务器，选择 ASP 作为开发的主要手段，其系统总体框架如图 5-16 所示，由 Web 客户端、服务器端、地理数据（存储）三层组成。

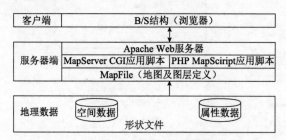

图 5-16　系统总体框架

Web 客户端是指客户浏览器通过 Internet 或 Intranet 与 Web 服务器通信,通过 AJAX 异步传输发送请求以显示或查询地图和数据。用户在客户端的每个操作，如放大、缩小等都会被转化成对 Web 服务器的请求。目前已有多种解决方案，从网络应用模式来看，可以分为两条技术路线或方法：一是在客户机端解决，即胖客户端解决方法；二是在服务器端解决，即所谓的瘦客户端解决方法。本系统采用的策略是在服务器端通过 MapServer 把矢量图转换成 Web 浏览器支持的 JPG、GIF 或 PNG 等格式的图形文件，而客户端采用带有 Javascript 的 HTML 网页来显示。

服务器端是系统的核心层，包括 WWW 服务器和 WebGIS 服务器（MapServer 服务器），用于处理请求和响应并运行地图服务。客户端发出的获取地图或数据的请求时，请求首先传送到 WWW 服务器。Apache 作为 Web 服务器，主要负责响应用户的请求，并将请求转给 WebGIS 服务器（MapServer）进行事务处理，最后将处理结果返回给用户。测试例子见图 5-17。

图 5-17　基于 MapServer 开发的软件测试示例

三、注册到 OneGeology 门户网站

中国 1∶100 万地质图网络地图服务数据（OGC WMS 格式）注册到 OneGeology 门户网站（http://portal.onegeology.org[2023-02-28]），实现中国 1∶100 万地质图空间数据的整合和共享发布。OneGeology 网站查询中国数据的实例见图 5-1。

第七节　地质数据发布内容

一、1∶100 万地质图数据整理与发布的内容

（1）整理工作图幅数据量：涉及全国 64 幅 1∶100 万标准图幅的地质图数据，主要包括 5 个图层，重点是地质体、地质界线和断层界线 3 个图层，总图元为 446263 个，其中地质体图元为 105952 个、地质界线图元为 294228 个、断层界线图元为 46083 个。

（2）完成 64 幅地质图数据的全面检查与修改。具体做法是登记发现的问题数据，对检查出来的拓扑问题进行一一修改，对图元参数进行核实修改，对发现的分层错误进行纠正，对缺失的属性数据能修改的进行补充，暂不能确定的暂不修改，对内容有错的进行一一登记，核实后再进行修改，部分无法确定的暂不修改，补充了个别缺失的数据项及数据项内容，修改了个别图幅不一致的数据项名称，并理顺 MapGIS 内部 ID 码等。同时对数据进行综合整理，按一定的顺序合并 64 幅地质图中地质图图层、地质界线图层、断层界线图层。

（3）完成 64 幅 MapGIS 格式的地质图数据向 ArcGIS 格式数据转换。在转换过程中，根据原图参数，增加了部分图元参数字段，如增加了 RGB 颜色字段，以方便后续图元渲染之用。同时，完成了 ArcGIS 文件地理数据库向 Shape 格式转换。

（4）完成 64 幅数据项属性内容的中译英工作，建立了英文版全国 1∶100 万地质图

数据库。翻译共计 343 个图层表,按唯一值需翻译条目数为 17414 条,约为 33.2 万中文汉字。涉及岩石地层单位、年代、层序、岩性、地质构造用语的翻译。同时组织完成对翻译内容的审查、核对工作,并完成了审查后的修改工作。另外,为了丰富地质信息,考虑到 OneGeology 其他国家展示的属性内容有地质历史或地质年代的数据项,因此根据地层单位符号及对照国际地质年代表(2012 年版),补充了地质年代属性数据项及相关内容。

(5)完成翻译内容的属性挂接工作。使同一地质数据分别包含了中英文数据项内容,为实现地图发布系统中英文版快速属性查询奠定了基础。

(6)完成近 4500 行地质图网络地图服务的属性信息记录的 MapFie 文件的制作。

(7)开发建立了 OneGeologyChina 门户网站,组织开发了 OneGeologyChina 地图发布系统,实现了中英文版面双语发布数据。具备放大、缩小、移动、复位、查询、跳转(按输入经纬度坐标或图幅编号定位跳转)、图例展示等功能,实现了中英文版的互转操作。

(8)完成了 OneGeologyChina 数据发布与系统通过测试、评审、备案等相关工作。经国家测绘局批准[国家测绘地理信息局地图审核批准书 审图号:GS(2014)648 号;地图内容审查意见书 图审字(2014)第 649 号],实现了中国 1:100 万地质图空间数据(英文版)在国际 OneGeology 平台上的网络地图服务。

二、OneGeologyChina 门户功能

(一)OneGeologyChina 门户网站

OneGeologyChina 网站提供中英文双语服务,见图 5-18 和图 5-19,用户可以通过页面右上角的语言切换链接切换查看不同的页面,页面左侧功能导航栏分为大地质计划、大地质计划·中国、组织机构、相关链接、技术支持、联系我们六个模块。主页上还包括新闻中心和下载中心,提供了 OneGeologyChina 相关的工作动态新闻和资料。

图 5-18 OneGeologyChina 中文首页

图 5-19　OneGeologyChina 首页

通过首页上的链接可以查看中国 1：100 万地质图空间数据。其中，OneGeology 模块提供了 OneGeology 目标、参与情况、发展现状等信息，OneGeologyChina 主要包括了 OneGeology 在中国的发展现状，"OneGeologyChina"发布的中国 1：100 万地质图空间数据库数据，由 64 个 1：100 万标准图幅组成，覆盖了中国陆域面积。该数据库由中国地质科学院于 2010 年完成，包括地质体图层、地质界线图层、断层图层、地理信息图层和相关注记说明，其中地质体图元 105952 个、地质界线图元 294228 个、断层界线图元 46083 个、注记图元 184560 个。2013 年，"OneGeologyChina"技术组按照"OneGeology"相关标准对数据进行了整理、转换、翻译与网络平台搭建等工作。经过数据转换与整理，将 64 分幅地质图合并为全国 1：100 万地质图，翻译条目 17414 条（约 33.2 万字）主要涉及岩石地层单位、地层年代、层序、岩性、地质构造。

中国 1：100 万地质图数据是根据中国地质调查局《地质信息元数据标准》（DD 2006—05），结合 1：100 万地质图数据库的实际应用需要进行编写的。具体包括数据信息、标识信息、数据质量信息、空间参照系统信息、内容信息、分发信息、引用和负责单位联系信息七项内容。组织机构提供了 OneGeologyChina 协调组和秘书处的组成和职责。

该门户网站开发语言为 ASP.NET+C#、网站的后台数据库为 SQL Server 2005。Web 服务器为 Internet 信息服务管理器（IIS）。

因此在配置网站之前要确保服务器上已经安装好 SQL Server 2005，在网站中配置文件中配置好数据库链接即可。

在门户网站首页中，单击"Protal.OneGeologyChina.org"，出现中国地质图发布系统主界面。系统默认查询结果的显示语言为英文，可以切换中文显示。OneGeologyChnia 地图发布系统的数据浏览，可以右击放大、缩小、移动、复位、查询、跳转。

用户单击菜单选择功能，可以拉框放大和缩小。为了加快显示，方便查看数据，系统设置在放大到第五级后将自动加载断层和地质界线图层，该功能在服务器端控制图层的打开，该项对应 Mapfile 中 Status 项，在服务器端用 LayerObj 类控制，效果如图 5-20 所示。

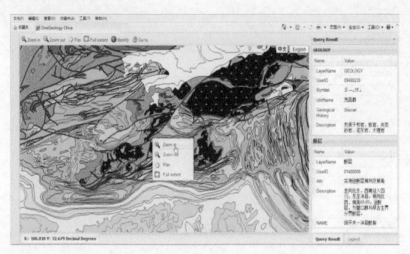

图 5-20　OneGeologyChina 中国地质图数据放大显示地质要素线及鼠标右击功能

（二）坐标的获取与转换

进行缩放地图操作时，MapServer 使用的是像素坐标，所以对这些操作不需要再进行其他的坐标转换，可直接作为传递参数；而在客户端进行其他操作时，如实时显示鼠标地理坐标，则需要在客户端进行图像坐标与地理坐标之间的坐标转换，转换后的地理坐标将最终显示在状态栏的左下角。

```
//图像坐标转换为地理坐标
private pointObj pixel2point (pointObj pointPixel)
{
    rectObj extent = map. extent ;
    double mapWidth = extent. maxx - extent. minx ;
    double mapHeight = extent. maxy - extent. miny:
    double xperc:
    double yperc:
    xperc = pointPixel.x / map. width;
    yperc = (map. height - pointPixel.y) / map. height:
    double x=ext ent. minx + xperc*mapWidth;
    double y=extent. miny + yperc*mapHeight :
    pointObj pointMap = new pointObj(x,y,0,0) :
    return pointMap:
}
```

（三）属性和图形的检索功能

单击菜单上的查询按钮 **Identify** 。单击图面查询后，右侧的面板自动弹出，查询结果显示在右侧的面板中（图 5-21）。单击查询后，系统会将查询面板自动弹出，将查询结果显示在面板中，同时实现了属性文本的自动换行功能。

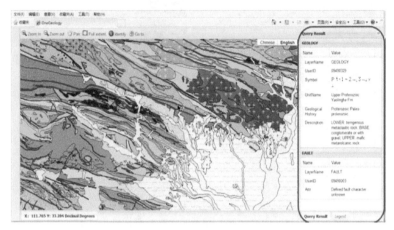

图 5-21　查询属性时功能图示

如果用户查询结果中既有断层又有地质界线，则只显示断层查询结果。

（四）图例

图例显示在地图右侧的面板中，可以拖动滚动条浏览图例中的内容。系统根据用户选择的语言显示不同的图例，见图 5-22。

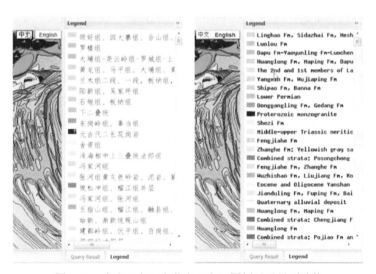

图 5-22　中文（左）和英文（右）图例显示界面功能

（五）中英文切换功能

单击图中左上角的中英文切换功能可以切换查询结果和图例的显示语言。

英文查询结果中图层名、属性名称、属性值、提示值都以英文显示，如图 5-23 右图所示。

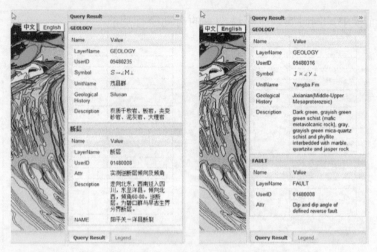

图 5-23　中文（左）和英文（右）查询结果功能

三、成果奖励

（1）鉴于中国地域面积和发布数据的比例尺是 OneGeology 中要求最大的事实（其要求为 1∶500 万至 1∶100 万 WMS 数据服务），并形成了国际合作计划 OneGeology 地质数据共享系统的重要组成部分，国际社会与地学界第一次看到了通过网络和基于国际标准发布的中国陆域 1∶100 万地质图空间数据。该工作填补了"全球地质一张图"数据中国区域的空白，得到国际 OneGeology 技术工作组和国际同行的肯定，被授予国际三星级服务奖章。

OneGeology 时任执行主席 Marko Komac 对中国 1∶100 万地质图空间数据（英文版）网络服务给予高度评价："OneGeologyChina 的上线和服务提供对于 OneGeology 的执行具有重要的意义！中国提供了极好的标准数据服务，在填补覆盖全球的地质图数据空白上迈出了新的一步，更有利于专业人士及普通公众更好更经常地利用地质数据。"

（2）鉴于 OneGeologyChina 使用的技术先进性和我国地质数据的国际发布服务具有里程碑意义，2014 年中国地理信息产业协会授予该项成果地理信息科技进步奖二等奖。主要成果获奖证书见图 5-24。

图 5-24　成果获奖证书（扫描缩略图）

第六章　地质调查数据管理与处理软件调研

对于提高地质调查、科研和资源勘查工作效率，降低劳动力和时间成本，提升地质勘查效果，提升地质认知和促进地学知识发现而言，地质数据管理和处理的软件系统和硬件系统同样重要，有时甚至更加重要。中国地质调查局各直属单位多年来始终重视专业数据管理与处理解释应用软硬件的研发和利用。为了进一步加强地质科技创新工作，落实《国土资源部关于进一步加强科技创新工作的意见》（国土资发〔2013〕72 号），加强地质调查信息化与地质调查、管理、服务工作的深度融合，推进软件技术在地质调查与矿产勘查工作中的应用，提高工作效率和推动技术进步，研究团队以座谈会和问卷表格的形式，开展了地质调查专业软件开发应用需求调研。调研内容包括地质调查信息化建设工作部署的各专业、各应用目的、不同规模的软件资源状况，其中有主要功能、专业范围、开发技术、开发语言和平台等，以及局属单位当前使用的主要软件及其来源，各单位实际工作各环节对业务软件的需求和意见建议。

共计有 21 个相关单位和地学类院校对调研表进行了信息反馈。在地质调查软件研发工作研讨会上，40 余名专家和业务骨干提出了关于软件的工作建议。对反馈信息和专家意见进行归纳、分类、研究，结合实际编制了地质数据处理软件资源调研报告，提出了中国地质调查局专业数据处理软件研发与推广的工作建议。本章做一简要介绍。

第一节　中国地质调查局系统软件研发使用情况

经下发表格调研，反馈信息的中国地质调查局直属 21 个单位正在使用的软件系统，共计 284 类（套），部分为规模较小的工具包，其中自主研发或委托研发软件有 103 套（包含部分数据库管理系统，不含中国地质调查局已经建立或正在建立的区域性基础地质数据库管理系统）；使用国内外图形图像，数据库管理以及勘查技术及管理软件 183 套。

自主开发的软件分为数据库管理系统、地质数据处理与应用和地质信息共享服务三类。

一、地质调查数据库建设配套管理系统开发情况

中国地质调查局于 21 世纪初建成了 1∶50 万、1∶20 万地质图数据库，到 2014 年，依托国土资源大调查数字国土工程和地质调查与矿产评价专项，通过项目设置与有力实施，又逐步建立了全国 1∶250 万、1∶100 万、1∶25 万地质图空间数据库，全国地质工作程度数据库、全国矿产地数据库、1∶20 万自然重砂数据库、1∶20 万水文地质数据库、1∶50 万地质环境数据库、同位素测年数据库、区域地球化学数据库、区域重力数据库、

航空磁测数据库、航天遥感数据库、地质图文资料数据库、地质文献资料数据库等一系列基础地质数据库,已完成建立和正在建立的数据库共计50多个,在各个数据库建立的同时,也开发了相应的专业数据库管理系统(中国地质调查局发展研究中心,2016; Zhang et al.,2011; 刘荣梅等,2012)。

这些管理系统主要是基于 MapGIS、ArcGIS、Oracle、SQL Server 等数据库开发的,所有管理系统均包含常用的数据检索、查询、输出、输入、分析等基本功能。对于相同类别的管理系统,如图形图像处理功能、图形编辑功能、整饰功能部分有重复。

除上述地质数据管理系统外,还有大量的专题类的数据库管理系统,共计 15 套。具体情况如表 6-1 所示。

表 6-1　专题类的数据库管理系统

类别	软件名称	开发单位
专题数据库管理系统	1. 青藏高原基础地质成果数据库管理系统	成都地质调查中心
	2. 青藏高原油气数据库管理信息系统	成都地质调查中心
	3. 航空物探遥感多源数据综合查询服务系统	中国国土资源航空物探遥感中心
	4. 矿山遥感监测成果数据质量检查软件	中国国土资源航空物探遥感中心
	5. 海洋地质资料管理系统	广州海洋地质调查局
	6. 海洋地质调查数据库管理系统	广州海洋地质调查局
	7. 海洋地质样品管理信息系统	广州海洋地质调查局
	8. 海洋地质调查生产信息管理系统	广州海洋地质调查局
	9. 海洋地质信息共享系统软件	中国地质调查局青岛海洋地质研究所
	10. 海洋地质数据管理系统软件	中国地质调查局青岛海洋地质研究所
	11. 岩溶地质野外调查卡片系统	中国地质科学院岩溶地质研究所
	12. 深部探测数据库共享管理系统	中国地质科学院地质研究所
	13. 变质岩数据库集成与共享服务平台	中国地质科学院地质研究所
	14. 钻井管理系统	中国地质调查局勘探技术研究所
	15. 奉节县城地质灾害监测预警综合信息管理发布系统	中国地质科学院地质研究所

二、地质数据生产、处理与应用软件开发情况

地质数据处理与应用软件主要涉及矿产勘查、物探数据整理处理软件(涉及重、磁、电、地震、测井等方法技术)、化探资料整理处理系统、遥感影像数据分析、水文地质和灾害、海洋地质等,根据目前的调研结果,上述成果涉及 6 大类 64 个相关的软件系统或方法技术功能模块。其中地质矿产类软件系统 10 套;物化探类数据处理解释软件系统 24 套,其中包括重磁资料解释应用系统 7 套;电法资料处理解释软件系统或模块 8 套;地震资料解释软件 5 套;物探综合应用软件系统 2 套;化探资料应用系统 2 套;水工环以及地质灾害共计 18 套;遥感影像处理软件 5 套;海洋地质数据处理软件 3 套;其他综合应用相关软件 5 套(中国地质调查百年成果,https://www.cgs.gov.cn/ddztt/cgs100/bxcg/

fwgj/[2023-02-28]）（张明华等，2011）。上述软件均为地质调查过程生产形成的具有自主版权的软件系统（表 6-2），并在实际工作中发挥了作用，如 RGIS 软件，就成了基层地质调查和地球物理勘查常规使用的物探数据处理解释软件，且得到广泛使用（Zhang et al.，2007；Feng et al.，2012；刘玲等，2018；屈念念等，2018）。

表 6-2　自主开发地质资料数据处理软件系统情况

类别	软件名称	组织开发单位
地质填图	1. 数字地质调查系统 DGSS——数字地质填图系统 RGMap	中国地质调查局发展研究中心
	2. 数字地质调查系统 DGSS——数字地质调查信息综合平台 DGSInfo	中国地质调查局发展研究中心
	3. 智能数字地质调查系统 DGSRGMap	中国地质调查局发展研究中心
	4. 地质调查北斗移动终端	中国地质调查局发展研究中心
	5. 1∶5 万地质图空间数据库数据批量转换模块	中国地质调查局发展研究中心
	6. 地质图空间数据库生产与质量控制辅助系统	中国地质调查局发展研究中心
矿产勘查	1. 矿区工程野外编录系统 1.0	成都地质调查中心
	2. 数字地质调查系统 DGSS——探矿工程数据编录系统 PEDATA	中国地质调查局发展研究中心
	3. 矿产资源评价系统软件（MRAS）	中国地质科学院矿产资源研究所
	4. 数字地质调查系统 DGSS——资源储量估算与矿体三维建模信息系统 RSInfo	中国地质调查局发展研究中心
物探	1. 电法勘探工作站	中国地质科学院物化探研究所
	2. 地球物理数据处理解释系统	自然资源航空物探遥感中心
	3. 航空物探彩色矢量成图系统	自然资源航空物探遥感中心
	4. 基于等效涡流的地-井 TEM 快速反演软件	中国地质科学院物化探研究所
	5. 地-井瞬变电磁矢量交会解释软件	中国地质科学院物化探研究所
	6. 多功能电法系统数据预处理软件	中国地质科学院物化探研究所
	7. 航空物探数据处理与解释软件系统	中国地质科学院物化探研究所
	8. 物化探研究所科技管理系统工作平台	中国地质科学院物化探研究所
	9. 全国尾矿地球化学调查与评价数据管理系统	中国地质科学院物化探研究所
	10. 多功能电磁法数据处理与解释软件系统	中国地质科学院物化探研究所
	11. 重磁三维反演解释软件系统	中国地质科学院物化探研究所
	12. TSM-R\M 原型组合油气成藏模拟系统	广州海洋地质调查局
	13. 海洋重磁和地震联合反演解释一体化系统	广州海洋地质调查局
	14. 深水油气成藏要素预测及表征软件系统	广州海洋地质调查局
	15. 深水横向不稳定沉积相的地震数据处理软件系统	广州海洋地质调查局
	16. 能量比法地震记录初至自动拾取软件	中国地质科学院地质研究所
	17. 小波神经网络油气信息检测软件	中国地质科学院地质研究所
	18. 深反射地震特殊处理与地壳成像系统	中国地质科学院地质研究所
	19. 位场多尺度小波分层与密度反演软件	中国地质科学院地质研究所
	20. 大地电磁场三维反演软件 3DMT	中国地质科学院矿产资源研究所

类别	软件名称	组织开发单位
物探	21. 大地电磁场数据处理软件 DPMT	中国地质科学院矿产资源研究所
	22. 井地大地电磁场二维反演软件 2DBHMT	中国地质科学院矿产资源研究所
	23. 地球物理位场数据边界扫描软件 BSGP	中国地质科学院矿产资源研究所
化探	1. GeoMDIS	中国地质调查局发展研究中心
遥感	1. 数字摄影测量网格中低空遥感影像智能处理系统	自然资源航空物探遥感中心
	2. 机载矿物成像光谱仪并行辐射校正软件系统	自然资源航空物探遥感中心
	3. 机载矿物高光谱成像仪数据几何校正并行处理软件	自然资源航空物探遥感中心
	4. 资源一号 02C 卫星数据查询系统	自然资源航空物探遥感中心
	5. 数字摄影测量网格中低空遥感影像智能处理系统	自然资源航空物探遥感中心
水环地灾	1. 唐山城市规划区及曹妃甸沿海地区环境地质调查信息管理与服务系统	中国地质调查局天津地质调查中心
	2. 技术方法信息服务平台	中国地质调查局水文地质环境地质调查中心
	3. pH 值深层原位自动监测控制显示系统 v1.0	中国地质调查局水文地质环境地质调查中心
	4. 地质灾害群测群防预警信息管理系统	中国地质调查局水文地质环境地质调查中心
	5. 土壤碳呼吸数据信息服务系统	中国地质调查局水文地质环境地质调查中心
	6. 典型矿山地质环境监测预警管理信息平台	中国地质调查局水文地质环境地质调查中心
	7. 地球物理测井单井涌水量预测系统	中国地质调查局水文地质环境地质调查中心
	8. 地下水资源调查数据录入系统	中国地质调查局水文地质环境地质研究所
	9. 地下水资源调查评价信息应用系统	中国地质科学院水文地质环境地质研究所
	10. 地下水资源调查评价综合成果管理系统	中国地质科学院水文地质环境地质研究所
	11. 地下水资源调查野外数据采集系统	中国地质科学院水文地质环境地质研究所
	12. 地下水污染调查数据录入系统	中国地质科学院水文地质环境地质研究所
	13. 地下水污染调查评价信息系统	中国地质科学院水文地质环境地质研究所
	14. 地下水污染调查野外数据采集系统	中国地质科学院水文地质环境地质研究所
	15. 城市群地质环境信息平台系列软件	中国地质科学院水文地质环境地质研究所
	16. 地科院水环所办公自动化系列软件	中国地质科学院水文地质环境地质研究所
	17. 地质灾害自动化监测泛用数据采集中心	中国地质调查局探矿工艺研究所
	18. 滑坡地表位移监测软件系统	中国地质调查局探矿工艺研究所
海洋	1. 钻井综合柱状图及专题图绘制软件	青岛海洋地质研究所
	2. 海洋地质元数据编辑器软件	青岛海洋地质研究所
	3. 海洋地质三维可视化软件	青岛海洋地质研究所
综合	1. 物探重磁电数据处理与解释软件系统 RGIS	中国地质调查局发展研究中心
	2. 地学空间信息检索系统	中国地质调查局西安地质调查中心
	3. 数字地质调查 GIS 平台	中国地质调查局发展研究中心
	4. 慧磁钻井中靶系统数据采集系统	中国地质调查局勘探技术研究所
	5. 深部探测数据网络三维可视化系统	中国地质科学院地质研究所

三、地质管理、信息共享与服务系统建设情况

这类系统主要在地质工作管理、部署、指挥、服务、共享应用中发挥重要作用（表 6-3）。

表 6-3　地质管理、信息共享与服务系统

序号	软件名称	开发单位
1	GSIGrid 野外地质调查管理服务与安全保障系统	中国地质调查局发展研究中心
2	中国实物地质资料信息网	自然资源实物地质资料中心
3	中国地质调查局安全生产管理平台	中国地质调查局水文地质环境地质调查中心
4	中国地质调查局安全生产管理保障系统	中国地质调查局水文地质环境地质调查中心
5	中国地质调查局安全生产管理保障系统显控终端软件	中国地质调查局水文地质环境地质调查中心
6	广州海洋局办公自动化系统	广州海洋地质调查局委托开发
7	国际互联网站信息发布管理系统	广州海洋地质调查局委托开发
8	中国地质调查数据网	中国地质调查局发展研究中心
9	地质调查生产指挥调度	中国地质调查局发展研究中心
10	全国地质调查工作部署信息系统	中国地质调查局发展研究中心
11	中国地质调查局地质项目规划部署系统	中国地质调查局沈阳地质调查中心
12	地调局地质调查项目统计信息子系统	中国地质调查局沈阳地质调查中心
13	地质调查局地质调查项目运行监管系统	中国地质调查局沈阳地质调查中心
14	地质资料管理信息系统	中国地质调查局沈阳地质调查中心
15	中国地质调查信息网格平台	中国地质调查局发展研究中心

四、其他软件使用情况

除地调经费投资产出软件工具，各高等院校、科研院所、相关的地勘行业使用的国外引进的一些地质数据处理软件工具共计约 183 套，其中进口软件达 60 多套，主要为图形图像、数据库管理、物探数据处理，尤其是地震勘查资料处理软件以及遥感图形图像分析和水文环境等领域，表 6-4 列出了具有一定规模的常用的由商业公司或专业院校开发的软件工具。

表 6-4　非地调经费开发

分类	序号	软件/系统/模块名称	开发单位（公司）
地质矿产	1	编图软件 V9.2	
	2	编图软件 3D-COV	
	3	图形软件 AutoCAD	美国 Autodesk 公司
	4	地质图编辑制图软件	
	5	地图软件	

分类	序号	软件/系统/模块名称	开发单位（公司）
地质矿产	6	Global Mapper	美国 Parker，CO
	7	Golden Software Surfer	美国 Golden software 公司
	8	Acrobat	Adobe 公司
	9	Altium Designer 软件	澳大利亚 Altium 公司
	10	MapGIS	中地公司
	11	Discover	
	12	PDETAT	
	13	GEOMAP	OpenSpirit 公司
	14	JUSTCGM（石油地质）	英国 Justcroft International
	15	TrapTester（断层封堵分析、裂缝预测、断层网格建模系统）	英国 BADLEYS 公司
	16	Petromod（盆地模拟软件）	德国 IES 公司
	17	3D Move 构造模拟及裂缝预测软件	英国 Midland valley 公司
	18	GeoX 资源评价与经济分析软件	挪威 Geoknowleage 公司
	19	KANTAN3D 三维可视化勘查软件	澳大利亚 MICROMINE 公司
	20	QTC MultiVIEW 地质识别软件	加拿大 Quester Tangent 公司
	21	Super Map	北京超图
数据库系统	1	MapInfo	美国 MapInfo 公司
	2	ARCINFO	ESRI 公司
	3	ArcGIS	Esri 公司
	4	金维地学信息处理研究系统	乌鲁木齐金维图文信息科技有限公司
	5	SQL	
	6	Oracle	甲骨文
物探数据处理	1	OASIS（地球物理）	澳大利亚 Geosoft 公司
	2	ModelVision（重磁数据处理软件）	澳大利亚 Encom Technology Pty Ltd 公司
	3	CGG Geovation（地震资料处理软件）	法国地球物理总公司 Compagnie Generale deGeophique，CGG
	4	Epos 4.0/Geodepth 9.0 地震资料处理软件	美国 Paradigm（帕拉代姆）公司
	5	Omega 2012 地震资料处理软件	美国西方奇科地球物理公司
	6	Neptune V6.5 地震多波束处理软件	挪威 Kongsberg 公司
	7	Fugro LCT 重磁解释软件	美国 Fugro 公司
	8	Stratimagic 地震地层解释软件	法国地球物理总公司 Compagnie Generale deGeophique，CGG
	9	Nucleus 地震采集参数模拟软件	澳大利亚 PGS 勘探有限公司
	10	Jason 反演软件（地震地层模型和反演的综合工具）	USA Jason Geosystem Inc.
	11	Landmark R5000（地震资料处理软件）	Landmark 公司
	12	V8（电法）数据预处理软件	加拿大凤凰公司

续表

分类	序号	软件/系统/模块名称	开发单位（公司）
物探数据处理	13	EMIGMA 物探综合处理软件	加拿大 PetRos EiKon 公司
	14	GEOGIGA 地震解释工具软件	加拿大骄佳技术公司（Geogiga Technology Corp.）
	15	二、三维地震 CT 软件 Focus	美国 CogniSeis 公司（已被以色列 Paradigm 公司收购）
	16	二维远场 CSAMT 和天然源 AMT 反演 SW-SCS2D 软件	Zonge 公司
	17	Maxwell（瞬变电磁处理软件）	澳大利亚电磁成像技术公司
	18	SFIPX-SW（频谱激电数据处理）	加拿大 Phoenix Geophysics Limited
	19	RES2DINV（高密度电法反演软件系统）	马来西亚 GEOTOMO 软件公司（M.H.Loke 博士）
	20	OpendTect（地震模式识别和属性处理系统）	dGB 与 GeoCap 公司合作开发
	21	电法软件 EMIGMA	北京桔灯导航科技发展有限公司
	22	双频激电仪配套软件	中南大学
	23	激电测探电阻率、极化率二维正反演	桂林理工大学
	24	可控源二维反演软件	中国地质大学（北京）
	25	频谱激电三维反演软件	中国地质大学（北京）
	26	Cass2008	南方测绘集团
	27	大功率数字直流激电系统	重庆地质仪器厂
	28	井中三分量磁测数据处理与绘图软件	中国地质大学（北京）
	29	GMS3.0	中国地质大学（武汉）
	30	Mtsoft-2D	成都理工大学
	31	Encom 软件	北京金浩林勘探技术有限公司
	32	电磁数据处理软件 MTPioneer 软件	中国地震局
	33	FVF-SC2 软件	深圳市恒星电子仪器、工具有限公司
	34	CSAMT-SW	中国地质大学（武汉）
	35	CsamtPros	欧华联有限责任公司
测量	1	Trimble controller 测量系统	美国 Trimble 导航公司
	2	Leica smartworx（野外定位测量系统）	德国莱卡公司
	3	Leica GeoMos（自动检测系统）	德国莱卡公司
	4	NI 软件	美国仪器公司
影像处理	1	Inpho 摄影测量系统	美国 Trimble 公司（欧洲）
	2	PCI Geomatica（遥感图像处理软件）	加拿大 PIC 公司
	3	ENVI 遥感图像处理软件	美国 ITT Visual Information Solutions
	4	eCognition Developer	德国 Definiens 公司
	5	SigmaScan Pro 影像量测分析软件	
	6	ERDAS IMAGINE	美国 ERDAS 公司

分类	序号	软件/系统/模块名称	开发单位（公司）
化探	1	GEEMS 化探处理软件	四川省地质调查院
	2	GEOIPAS	金维图文信息科技有限公司
水文地质	1	FLAC3D	美国 Itasca 公司
	2	地下水资源与环境模拟软件（Aquaveo GMS）	美国 Aquaveo，LLC
	3	Visual Modflow Pro	加拿大 Waterloo 水文地质公司
	4	地表水模拟系统（SMS）	美国环境模拟系统有限公司
	5	地下水模拟系统（GMS）	美国环境模拟系统有限公司
	6	流域模拟系统（WMS）	美国环境模拟系统有限公司
	7	Argus One	美国 Argus 公司
	8	AquiferTest Pro 抽水试验数据分析与绘图软件	美国 S.S.Papadopulos &Associates
	9	DHI MIKE 2 二维水模拟软件	丹麦水力研究所
	10	CPT Pro 静力触探专用分析软件	
	11	北京里正勘察软件	北京里正
海洋地质	1	Dionisos 盆地模拟分析软件	阿什卡集团
	2	GeoFrame 地震资料解释软件	斯伦贝谢公司
	3	Tigress 地震资料解释软件	英国 PGS 公司
	4	Petrel 地震资料解释软件	斯伦贝谢公司

五、中国地质调查局系统软件版权情况

中国地质调查局局属单位各类地质调查软件按专业大致分为地质填图、矿产勘查、物探、化探、遥感、水环地灾、海洋地质、数据库、综合系统和其他等十类，各类软件版权基本情况如表 6-5 所示。

表 6-5 中国地质调查局局属单位地质调查软件版权基本情况表

序号	专业		软件数量/个	版权情况/个			自主率/%
				引进购买	自主研发	委托开发	
1	地质填图		19	9	10		52.6
2	矿产勘查		17	14	3		21.4
3	物探	重磁	13	8	5		38.5
		电法	21	13	8		38.1
		地震	25	21	4		16.0
		测井	4	4			
		综合	10	5	5		50.0
		其他	9	9			
4	化探		2	1	1		50.0

续表

序号	专业	软件数量/个	版权情况/个			自主率/%
			引进购买	自主研发	委托开发	
5	遥感	14	10		4	28.6
6	水环地灾	50	31	17	2	38.0
7	海洋地质	7	4	2	1	42.9
8	数据库	27	7	13	7	74.1
9	综合系统	29	15	13	1	48.3
10	其他	54	46	5	3	14.8
	合计	301	197	86	18	34.6

上述对局属 21 个单位的软件开发和应用情况的统计结果表明，目前地质信息化工作随着地质勘查工作的需求和发展在全面推进，但远远不能满足地质勘查工作的需求，大量地引进国外相关软件，成为目前地勘行业中一个通用的做法。

其实，在上述地勘行业软件中，不乏一些专业性强、功能齐全的软件，但由于其发展历史短，功能不够精细、缺乏技术支撑和难以共享等问题，推广应用受到阻碍，为此有必要推动和发展国内优秀的地质软件，提高其国际竞争力。

第二节　中国地质调查局系统软件需求总结

总结各单位基于实际地质工作对软件的需求和建议（表6-6），目前为保障地质调查工作在现代科技信息技术水平上的顺利、高效、科学进行，地质调查软件需要保障以下几个方面的需求。

表 6-6　地质数据处理软件需求与建议汇总表

单位名称	需求与建议
需要升级软件	1. ArcGIS 10 2. EVS PRO7 3. ERDAS 4. PCI 等软件 5. Oracle 6. Feflow 数值模拟软件 7. MapGIS
需要新增软件	Oracle 11，ArcGIS 三维矿山模拟软件 MicroMine 单机版 遥感图像处理软件 ENVI 或者 ERDAS IMAGINE Photoshop 遥感处理插件 三维地质建模软件 Surpac ENVI 软件 光谱分析软件 Specmin、Specwin

单位名称	需求与建议
需要新增软件	国际通用的工程类、矿业和石油类三维地质建模软件
	INPHO 数字摄影测量软件
	ModelVision 等专业软件
	CLOUD 新一代地下多相流动数值模拟软件
	地质勘查三维分析 Encom PA1
	Hydro GeoAnalyst
	岩土工程有限元分析软件 Plaxis 3D
	15. 二、三维地震数据处理软件 VISTA
	16. 电法勘探数据处理 WingLink
	17. 测井资料数据处理 WellCAD
	18. 瞬变数据处理及解释 MaxWell
	19. 大地电磁数据解释（2D 反演、张量数据处理）Pioneer 软件
	20. 可控源源音频大地电磁法一维处理反演软件 SW-SCSinv1D
	21. 可控源源音频大地电磁法二维处理反演软件 SW-SCS2D
	22. 地震数据处理 Landmark 地震数据处理软件（全套）
	23. 绿山数据处理软件
	24. Radan7.0 探地雷达数据处理系统
	25. Forward 测井数据处理软件
	26. 遥感软件：GAMMA 软件
	27. Fortran complier、Labview 升级版 28DASP-V10 工程版平台软件、基本模态测试分析软件、时域模态分析软件、PolyIIR 模态分析软件、DASP 智能数据采集和信号分析系统、IAR EW8051-NW、Embedded Workbench for 8051、IAR EW430-NW、Embedded Workbench for TI-MSP430、Altium Designer 2013、MapGIS K9 IGServer、SQL Server 2008 R2、网络设备管理软件、网络管理软件等
	28. 金双狐地质成图系统 3.5
	29. ResForm GeoOffice v3.0
	30. GeoMap 3.6
	31. Petrel 2013
	32. GeoFrame 4.5
	33. Discovery
	35. GeoX 资源分析评价软件
	36. 地应力数据监测及分析预警系统软件
	37. 地质灾害动态监测及预警系统软件
	38. Origin
	39. Strater
	40. Ansys 分析软件
	41. CFDeign 水力学分析软件或 Fluent（流体分析及工程仿真系统）
	42. 机械分析软件 Nastran FX
需要开发软件	1. 地质调查工作信息服务能力及体系建设方面的软件开发
	2. 地质信息评价方面的软件开发
	3. 地质调查多源数据处理分析方面的软件开发
	4. 水工环地质调查信息系统软件的开发
	5. 地质资料信息进行综合管理与服务的平台
	6. 针对国内外通用软件数据格式统一交换平台
	7. 遥感并行数据处理专业软件
	8. 物化探数据三维处理软件
	9. 开发满足地质调查各环节需求的自主版权软件

续表

单位名称	需求与建议
主要建议	1. 加强软件系统安全的保障性 2. 增加尽可能多的统计信息功能 3. 国内外地质专业类软件功能强大、普遍价格较高，建议通过与大型软件商进行交流合作形式，获取相关许可授权，普及应用 4. 加强遥感专业处理能力的系统化、标准化培训 5. 加强常用办公软件统筹与使用，统一购置 VS.net 2012、Intel C++/Fortran 等开发软件 6. 加强自主知识产权软件的研发更新 7. 对于局系统通用性强的专业软件，建议建立软件共享服务平台，局里发布各类地质专业软件名录，加强地质专业软件的共享和交流，如"海洋地质信息共享系统软件"等软件 8. 大型商用专业软件每年推出新的升级版本，建议定期购买升级服务，以保持该软件最新的技术方法和扩充的新功能、新模块，并可获得技术支持和软件补丁 9. 某些专业软件价格昂贵，应用效率高，使用效率低，为减少资产闲置，建议采购网络版本，并尽可能多专业、多部门共享。某些通用的专业软件，建议由部门统一采购，以获得最大优惠 10. 建议局支持建设钻井管理系统，可将大型钻井工程中发生的物资、文件等建设成信息数据库，结合现场钻进参数远程传输技术，形成一综合型钻井管理系统，便于钻井工程及科学工程的科学管理 11. 完善现有的软件环境，充分发挥已有设备的作用 12. 购置、开发物化探专业数据成果信息、资料和文献管理软件，完善信息资源和硬件环境 13. 加强自主知识产权的专业软件的研发，建议重点考虑一下地质编图软件的研发

一、正版大型专用数据库系统需求

多数地质调查数据库管理系统是基于 MapGIS、ArcGIS、Oracle、SQ Server 等数据库开发的，通过对 19 个单位的统计，目前拥有 ArcGIS 约 23 套，MapGIS 421 套、MapInfo 11 套，Oracle 11 套。地质调查局对大型基础数据库需求量大，分散购置和管理在软件购置经费和相关配套设备上多有重复和使用限制。因此对于国外价格昂贵的专业软件，单独购置会造成使用效率低。为减少资产闲置，建议采购网络版本，并尽可能多专业、多部门共享。某些通用的专业软件，建议由地调局有关部门统一采购，以获得最大优惠和最大使用效率。

二、多源数据处理分析软件系统需求

多个单位提出了对综合多源数据处理分析软件的需求。随着地质调查工作的不断深入，尤其是深部或隐伏地质问题的研究，采用多专业数据多元处理方式进行相互补充，相互印证，可以提升对地质问题认识的深度、可靠性。研究适用于地质、物化探、遥感、矿产评价等多专业的综合应用软件，解决重大地质问题的综合性软件系统势在必行。如针对海洋地质调查信息化工作中海洋地质调查数据采集、数据处理、资料管理方面的软件，包括档案、样品、磁带等；海洋地质调查数据处理解释软件以及用于成果管理和辅助决策的软件。

三、保障地质调查全流程各环节相关专业软件的购置和开发

各单位根据承担和从事的项目专业类型不同，对软件的需求不同，首先所提出的软件需求主要是围绕现阶段工作和现有软件资源能解决的问题考虑的，如基于目前对三维地质模拟、地质建模、物探数据三维处理等需求，在地质矿产、物化探、海洋地质、水工环等多种调查工作中均提出购置和开发相关的三维软件，如三维矿山模拟软件、三维地质建模软件、石油类三维地质建模软件、物化探数据三维正反演软件等。其次基于对科技发展的展望，提出满足各专业从工作部署，专业数据采集、整理、分析、处理，到成果制图需要的适用的、友好的综合应用软件。如水文地质环境地质调查对不同专业的软件，不同方法技术的相关软件均有需求。

第三节　地质数据处理软件研发工作建议

从上述地质调查专业软件调研和开发应用需求来看，我国地质调查数据处理软件已经具备了较为系统的软件体系，部分软件成果还得到了全国范围内的广泛应用。为了避免低水平重复，有必要尽快建立并发布地质调查数据处理软件框架体系。

软件框架体系应对基础地质、能源地质、矿产地质、地球物理、地球化学、遥感、水文地质、环境地质、地质灾害、海洋地质10个工作领域的工作部署、野外采集、资料整理、成果编制等多个阶段的软件研发和使用情况进行梳理，将自主开发的和国内、国外商业化软件分开。

中国地质调查局的专业数据处理软件工作部署，应根据地质调查软件体系框架，结合地质调查数据处理工作和需求实际，在项目安排中，加以统筹考虑。

根据此次地质调查专业软件调研情况，提出如下工作建议。

（1）尽快建立并发布地质调查数据处理软件框架体系，以便更加合理地规划地质调查软件工作，部署和统筹地质项目中专业数据处理软件的研发，避免重复，尤其是低水平的重复开发工作。同时，发布已有软件信息，方便专业人员了解已有软件及功能信息，加大软件功能代码的共享和重用，最大限度地发挥已有软件成果的作用和效益。

（2）加大已有自主软件成果的推广使用。已有自主版权的软件虽然取得了很好的应用效果，但跟国际一流相比，还有一定的距离。建议结合国家科技创新体制改革，采取切实有效的措施，加大已有地质调查专业软件的完善与推广，加大已有应用前景的软件的国际化推广应用，较早形成我国地质调查数据处理软件的一流产品，打造具有国际竞争力的国产地质软件。

（3）加大薄弱环节专业软件研发工作。我国地质调查的水工环领域是地质调查数据处理软件框架中最为薄弱的环节，目前缺乏具有自主版权的专业软件。建议根据需求，结合专业数据处理需求和研发力量的实际，部署相关环节专业软件的研发工作。

（4）加强与开展软件综合集成研发。我国地质调查专业软件功能的集成环节明显不足，为了适应大数据时代和地质调查集成创新工作模式，急需开展多专业数据处理与解

释软件集成工作。

（5）结合大数据和元计算技术，研究解决目前诸多软件模块，针对大数据量应用时，尤其 3D 模拟计算工作速度慢的问题。

（6）利用大数据云平台技术，尽快实现已有地质调查软件的云化，部署开展基于云环境进行已有软件的修改与编译工作，尽早建立基于云平台的地质调查专业软件工具集。

第七章 国际地学信息技术合作

根据"积极参与国际地学组织活动,以我为主、为我所用,建设一流地调局"的精神和要求,积极作为,取得了四个方面的国际合作成果。一是参与 OneGeology 倡议,发布中国 1:100 万地质图数据;二是开展中国作为成员国之一的东亚东南亚地学计划协调委员会(CCOP)与中国地质调查局合作项目"CCOP-CGS 地学数据集成处理能力建设"第一期(2013~2015 年)和第二期(2017~2019 年)的工作(CCOP Technical Secretariat,2013,2014,2015,2016,2017,2018,2019),圆满举办了 6 期地质、地球物理、地球化学数据处理技术培训研讨班,得到 CCOP 16 个成员国和 CCOP 技术秘书处一致称赞,项目成果被纳入《CCOP 50 周年庆典》一书;三是积极参与国际地学信息技术交流工作,中方专家成功入选国际地球科学联合会(International Union of Geological Science,IUGS)国际地学信息管理与应用技术委员会(Commission for the Management and Application of Geoscience Information,CGI)委员,开启了我国先进地学信息技术成果自 2014 年起在 CGI 年报上连续刊出,以及我国专家参加国际地学信息标准领域深度合作工作的进程;四是依托和牵头 CGI 参与由中国科学家主导的 IUGS 国际大科学计划"深时数字地球(Deep-time Digital Earth,DDE)",组建了 DDE 标准任务组(DDE Standards Task Group),取得了良好国际交流合作实效。

第一节 CCOP 地学数据处理能力建设项目合作

一、合作立项

中国地质调查局(China Geological Survey,CGS)与 CCOP 合作的"CCOP-CGS 地学数据处理能力增强"项目(IGDP)于 2011 年在 CCOP 第 47 届年会上提出,自中国代表团 2012 年在 CCOP 指导委员会上宣布了中国从技术和资金两个方面资助该项目的情况后,正式纳入 CCOP 项目计划,于 2012 年启动,2013 年正式开展工作。2013~2015 年为第一阶段,主要完成物化探数据处理技术和软件使用培训。第二期 IGDP 项目于 2016 年在 CCOP 第 52 届年会提出,并经 CCOP 第 67 届指导委员会批准,于 2017~2019 年实施。

CCOP 成立于 1966 年,是东亚和东南亚地区唯一的政府间地学国际组织,现有 16 个成员国(文莱、柬埔寨、中国、印度尼西亚、日本、韩国、老挝、马来西亚、蒙古国、缅甸、巴布亚新几内亚、菲律宾、新加坡、泰国、东帝汶和越南)、14 个协作国和 13 个国际或地区组织。CCOP 组织的宗旨是协调东亚及东南亚地区地学研究及应用规划，其任务是组织、协调东亚及东南亚国家在能源政策与技术、固体矿产和海岸带管理、地下水、地质灾害防治、环境保护以及地学信息管理等领域开展的合作。CCOP 鼓励围绕资源可持续利用的业务能力建设、信息交换共享、技术交流和转让、地学信息管理、地质灾害防治与环境保护。

二、项目进展

由于 IGDP 项目适合 CCOP 各国地质调查和矿产勘查领域急需地球物理和地球化学数据处理解释技术的需求，以及中国地质调查局牵头完成 CCOP 地学信息元数据标准与软件合作项目（Zhang et al., 2009），并于 2010 年被东盟国家采用等情况，以及项目负责人和骨干在 CCOP 组织中享有良好声誉，第一期项目合作进展十分顺利，第二期项目合作与技术培训也取得良好效果。

（一）IGDP 合作项目第一期

2013～2015 年，由中国专家依托中国地质调查局发展研究中心研发的专业软件《物探综合处理解释软件系统 RGIS》英文版（RGIS-IGDP），对 CCOP 成员国专业人员进行以地质调查和矿产资源勘查为主要目标的地质、地球物理、地球化学数据集成与管理、数据处理和专题制图技术与软件使用培训，以增强他们在矿产及油气调查评价及地质构造研究等方面的能力，同时，研讨 CCOP 成员国及周边相关国家对地质数据处理和地学信息技术的需求，确定第二阶段的技术培训、案例研究和地质信息技术合作内容。

在这三年项目合作期间，中国 CCOP 常任副代表马永正、中国地质调查局科技与国际合作部和发展研究中心领导与 CCOP 秘书处 Adichat Surinkum 主任、地学信息领域专家 Marivic PulveraUzarraga 女士等全程参加并参与主持了 IGDP 技术培训班。三期培训研讨班分别于 2013 年 6 月、2014 年 8 月和 2015 年 11 月在昆明和北京举行（图 7-1～图 7-7）。来自 CCOP 组织成员国（柬埔寨、中国、印度尼西亚、日本、韩国、老挝、缅甸、马来西亚、蒙古国、菲律宾、巴布亚新几内亚、新加坡、泰国、东帝汶、越南）和文莱、朝鲜、巴基斯坦、秘鲁、斯里兰卡等的共计 95 名技术人员参加了培训研讨。培训研讨主要由 IGDP 项目负责人张明华教授与 CCOP 技术秘书共同主持。主要内容包括各国地质调查与矿产勘查物化探新技术交流与应用案例分析，物探（重力、磁测、电法）和化探数据可视化管理，图表图像处理及 GIS 制图，二维、三维重磁异常反演以及地质图数据库建设、OneGeology 数据整理与发布技术等。RGIS-IGDP 软件推广到 CCOP 各国 60 余套，得到印度尼西亚、越南、柬埔寨、巴布亚新几内亚以及日本等国专业人员好评。

许多学员回国后继续使用 RGIS-IGDP 软件。该软件在使用中更换计算机安装时，需要中方提供注册码。图 7-8 给出了部分学员更换计算机写邮件索取注册码的记录。

图 7-1 第一期 CCOP-CGS IGDP 研讨会和软件培训课程（2013 年 6 月，中国昆明）

图 7-2 第一期 CCOP-CGSIGDP 研讨会和软件培训班学员参观考察世界地质公园

图 7-3 第二期 CCOP-CGSIGDP 研讨会和软件培训班代表合影（2014 年 8 月，中国昆明）

图 7-4　第二期 CCOP-CGSIGDP 研讨会和软件培训班（培训辅导、软件赠送与证书发放）

图 7-5　第三期 CCOP-CGSIGDP 研讨会和软件培训班代表合影（2015 年 11 月，中国北京）

图 7-6　第三期 CCOP-CGSIGDP 研讨会和软件培训班（培训辅导）

图 7-7　第三期 CCOP-CGSIGDP 研讨会和软件培训班（软件赠送与证书发放）

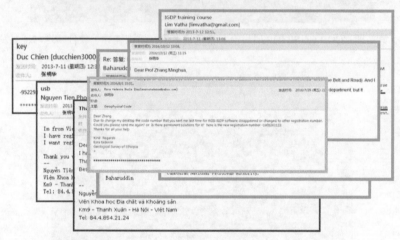

图 7-8　CCOP 业务人员使用 RGIS-IGDP 软件更换计算机后索要注册码的部分邮件记录

（二）IGDP 合作项目第二期

在取得第一期预期成效基础上，应 CCOP 大多成员国要求，中国地质调查局于 2016 年在曼谷召开的 CCOP 第 52 届年会提出举办 IGDP 项目第二期合作的建议，并经后续的 CCOP 第 67 届指导委员会批准。2017~2019 年，继续由中国专家依托 RGIS-IGDP 软件和其他地学技术成果，新增大量的中国先进技术成果，包括中国地质调查局地质云建设技术、海量地质多专业数据库整合技术、分布式多源异构数据中心的数据服务共享发布技术和区域矿产资源预测的物化探遥感数据解释应用技术，对 CCOP 成员国专业人员持续进行了地质、地球物理、地球化学数据集成与基于云平台的数据集成管理、数据处理技术培训，并研讨了 CCOP 区域地球物理编图的技术，切实增强了 CCOP 成员国地质、矿产及油气调查评价及地质构造研究等方面的能力，同时研讨了 CCOP 成员国及周边相关国家对地质数据处理和地学信息技术的需求和下一步合作的建议。IGDP 项目第二阶段的合作也同样取得了预期成果。

在 IGDP 第二期三年项目合作期间，中国 CCOP 常任副代表舒思齐博士、中国地质调查局科技与国际合作部副主任马永正和发展研究中心领导与 CCOP 秘书处主任和地学信息领域专家 Marivic 女士全程参加技术培训班并参与主持。2017~2019 年 IGDP 合作项目的技术培训班受到 CCOP 成员国专业人员青睐，培训工作不仅按计划完成既定议程和工作研讨，还确定了各国项目联络人，共同确定了下一阶段合作内容和培训内容，共同商定和签署培训研讨会议纪要，以便遵照执行。CCOP 对 2017～2019 年 IGDP 项目培训活动在网站进行了报道，相关信息见图 7-9～图 7-13。

图 7-9　2017 年举办的 IGDP 项目第二期第一次技术培训研讨会场照片（自 CCOP 网站）

图 7-10　2018 年举办的 IGDP 项目第二期第二次技术培训研讨会合影

图 7-11　2018 年 IGDP 项目举办的技术培训研讨会议报道截图（自 CCOP 网站）

图 7-12　2019 年 IGDP 项目技术培训研讨班会议合影（自 CCOP 年会中国国家报告 2019）

图 7-13　2019 年 IGDP 项目举办的技术培训研讨会议报道截图（自 CCOP 2019 年报）

2017 年 5 月，CCOP-CGS 地学数据处理技术研讨培训班在北京成功举办。中国地质调查局李金发副局长、发展研究中心徐勇主任、CCOP 技术秘书处主任 Adichat Surinkum 出席培训班。来自柬埔寨、印度尼西亚、日本、韩国、马来西亚、菲律宾、越南和中国的 22 名地矿部门人员参加了为期 3 天的培训。培训报道见 CCOP 网页（http://www.ccop.or.th/article/ccop-cgs-workshop-training-on-igdp-ii-and-compilation-technology-for-the-ccop-member-countries-22-24-may-2017-beijing-china[2023-02-28]）。

2018 年 7 月，IGDP 培训研讨会在广州召开，得到广州海洋地质调查局的大力支持，取得预期成果。CCOP 技术秘书处主任 Young Joo Lee 博士出席培训班并致辞感谢中国地质调查局对 CCOP 和 IGDP 合作项目的大力支持。共有来自 8 个国家和 CCOP 技术秘书处的 26 名地矿部门官员和技术人员与会（http://www.ccop.or.th/article/the-2nd-workshop-of-igdp-phase-ii-project-guangzhou-china[2023-02-28]）。此次研讨开启了 CCOP 各国区域地球物理编图工作研讨与技术交流。

2019 年 9 月，IGDP 培训研讨会在青岛召开，得到青岛海洋地质研究所的大力支持，取得重要成果。CCOP 技术秘书处主任 Adichat Surinkum 出席培训班并致辞感谢中国地质调查局与发展研究中心对该合作项目的大力支持。来自柬埔寨、中国、印度尼西亚、日本、韩国、马来西亚、缅甸、蒙古国、巴布亚新几内亚、泰国、越南和 CCOP 技术秘书处的 25 名业务人员参加（http://www.ccop.or.th/article/the-2nd-workshop-of-igdp-phase-ii-project-guangzhou-china[2023-02-28]）。除传统数据库建设、RGIS 物化探数据处理、区域地球物理编图技术以外，此次培训开启了人工智能技术、RGIS 软件在线应用、数字填图以及 CGI 数据标准在 CCOP 各国应用的研讨与交流（https://ncloud.dotdream.co.th/index.php/s/8MeWqJpHrWkKGF9[2023-02-28]）。

三、合作成果

IGDP 项目是中国地质调查局面向 CCOP 成员国举办的地学数据处理能力增强技术培训与应用项目。两个阶段的合作取得了五个方面的主要成果。

（1）参会 CCOP 成员国及周边国家通过介绍本国地质调查和地球物理与地球化学调查活动、数据处理技术以及矿产资源、能源和环境等勘查与地质数据库建设中的应用现状，促进各国之间的相互了解。

（2）为 CCOP 成员国参会学员培训了以中国技术为主的先进地质专业数据库建库、数据集成管理与共享服务技术，包括数字地质填图、人工智能识别岩石矿物、地球物理数据在线处理、数据标准及矿产资源勘查技术等，展示了中国在地质、地球物理、地球化学调查与资源勘探数据管理与处理技术方面的先进水平与成果，还推广了先进的中国文化。

（3）中国地质调查局向参会国家和代表培训并赠送了由中国地质调查局发展研究中心研发的软件 RGIS-IGDP，并颁发了培训证书。开创了中国专业软件的国际化推广应用，展示了软实力。目前，该软件已在 CCOP 各国和所有东盟国家，以及部分非洲、南美国家，通过合作项目及中国政府援外培训等，推广 120 余套到 22 个国家。

（4）通过交流研讨，明确了 CCOP 成员国等国家对地质、矿产、地球物理、地球化学勘查及地学数据建库与集成的现状和需求，启动了中国牵头的 CCOP 区域地球物理编图的工作，为中国在 CCOP 区域持续引领地学信息技术与数据资源共享应用奠定了基础。

（5）为 CCOP 成员国持续培养了近 200 名地学信息技术领域和地球物理地球化学勘查数据处理领域的业务骨干，为 CCOP 各国的区域地质调查和矿产资源勘查提供了实实在在的数据管理与处理应用的技术和软件支撑。中国不仅提供技术，还提供项目培训经费支持，因此深受各国称赞。

第二节　参加国际地科联信息技术委员会 CGI

按照中国地质调查局和国务院发展研究中心部署，研究骨干积极参与了 IUGS 国际地学信息管理与应用技术委员会（CGI）的有关技术交流活动与重要项目（https://cgi-iugs.org[2023-02-28]），参加了 CGI 组织的多项技术活动，牵头推进 CGI 参加了 IUGS 国际大科学计划"深时数字地球"，组建了具有重要支撑与引流作用的 DDE 标准任务组，取得了良好国际交流合作成效。

CGI 是 IUGS 关于地学信息领域任务的执行机构，主要职能是代表国际地科联处理国际地学信息事务，提供地学信息和系统技术交流平台，开展地学信息最佳应用的国际推广，促进和资助国际地学信息标准的研发项目。目前，CGI 拥有全球 82 个国家的 523 名成员，在全球有 12 名委员会成员。CGI 设有 4 个业务工作组：地球科学标记语言标准（GeoSciML）、地球科学术语（Geoscience Terminology）、地球资源标记语言标准（EarthResourceML）和非洲地球科学信息网络（GIRAF）（EarthResourceML Working Group，2020；Geoscience Terminology Working Group，2020）。CGI 秘书处设在中国地质调查局发展研究中心。CGI 委员和执行委员（主席、秘书长、司库）每 4 年改选一次，由全体 CGI 会员、CGI 委员投票选举。

2014 年 3 月，根据中国地质调查局"积极参与国际组织，建设一流地调局，展示我局一流形象"的要求，以及项目承担 OneGeology 发布中国地质数据任务的需要，经单位和中国地质调查局研究同意，推荐当时的发展研究中心信息工程室主任张明华（二级研究员，外语能力强，曾组织完成 CCOP 地学信息元数据标准合作项目）于 2014 年 3 月申请加入 CGI-IUGS 委员会，得到 CGI 批准，成为代表中国和亚洲地区的 CGI 委员（图 7-14）。

图 7-14　CGI-IUGS 网站上张明华委员信息网页（2016 年）

CGI-IUGS 2016～2020 年委员会委员的改选于 2016 年 8 月在南非开普敦举办的第 35 届国际地质大会期间的 CGI 委员会工作会议上完成，张明华当选为 CGI 秘书长。2020 年张明华再次当选为秘书长，同时代表 CGI 兼任 DDE 计划标准研究赋能项目负责人。

一、国际地学信息技术交流

就对世界所造成的影响而言，也许没有任何一样东西可以和 IT 抗衡。IT 改变了我们的世界，并且还在继续改变。IT 改变了地质工作方式，对地学信息交流的方式和方法产生了前所未有的影响。当 IT 和地质信息工作交融，更是焕发出前所未有的光彩，为地质工作更好服务经济社会发展发挥出重要作用。因此，地学信息技术的国际交流与合作显得十分重要，这也是本项目要完成的一项重要任务。

负责人是 CGI 委员会委员，积极开展了 IUGS-CGI 涉及领域的相关技术交流活动，主要如下。

（一）参与组织召开 IUGS-CGI 委员会工作年会

积极筹备与协助 CGI 于 2014 年 10 月 28～29 日在北京召开了 "IUGS-CGI 委员会 2014 北京工作年会"，这是 CGI 在亚洲的第一次工作年会（图 7-15）。会议进行了热烈的技术交流讨论。CGI 委员会对 OneGeologyChina 高效的成绩表示赞叹，并祝贺英文网站上线。CGI 专家随后介绍了 INSPIRE、GIRAF 和 GeosciML 等情况及 CGI 工作职责和成果。此次活动促进了中方专家参与国际地学信息技术交流，宣传了数字填图、Geo3DML 等中国技术。关于建立 3D 地质信息标准工作组的倡议得到积极响应，并纳入 2015 年计划。中国地质调查局网站以 "CGI-IUGS 委员会成员齐聚中国，共话地学信息明天" 为题进行了报道（https://www.cgs.gov.cn/xwl/gjhz/201603/t20160309_285913.html[2023-06-01]）。

图 7-15　IUGS-CGI 2014 国际地学信息技术交流工作年会（上为合影；下为技术研讨会）

（二）参加 IUGS-CGI 委员会 2015 年工作会议与技术工作组会议

2015 年 10 月参加在意大利欧洲联合研究中心举办的地球科学标记语言标准（GeoSciML）、地球科学术语标准（Geoscience Terminology）和地球资源标记语言标准（EarthResourceML）三个工作组技术研讨会和 CGI 委员会 2015 工作年会（图 7-16）。研究确定了 CGI 网站管理、GeoSciML 4.0 版为 OGC 认定、CGI 区域和标准工作组总结和计划、2016 年国际地质大会期间举办国际地学数据专题论坛，以及 CGI 委员会 2016 年选举事宜。

图 7-16　CGI-IUGS 2015 工作年会主要参会人员合影（欧洲联合研究中心）

在 CGI 区域工作组事项讨论中，中国委员介绍了数字填图、三维模型、大数据技术应用等中国地质信息技术，以及为 CCOP 和东盟举办技术培训的成果，提议中国地质调查局刘荣梅参加地球科学标记语言标准（GeoSciML）工作组、屈红刚参加即将组建的三维地学模型工作组的建议，受到与会大多数委员的欢迎。鉴于张明华牵头完成 CCOP 合作项目多语种地学术语表的工作，CGI 主席 François Robida、秘书长 Kristine Asch 和术语工作组主席 Mark Rattenbury 邀请张明华加入国际地学术语标准工作组。

2016 年 8 月，CGI 工作年会在第 35 届国际地质大会期间在南非开普敦市召开。除标准组和 CGI 委员会工作总结和计划日程外，CGI 年会进行了新一届 2017～2020 年委员选举。张明华当选为秘书长。CGI 在第 35 届国际地质大会上设立了地学数据互操作专题论坛（Working with Interoperable Geoscience Data），CGI 标准工作组、OneGeology 及 INSPIRE 相关负责人做了技术报告，OneGeology 技术负责人 Tim Duffy 还专门进行了 OneGeology 数据技术培训，中国地质调查局和国内大学的一批专家学者参加了此次论坛（图 7-17）。

图 7-17　CGI 牵头举办的第 35 届国际地质大会地学数据互操作论坛合影（2016 年 8 月 27 日）

　　2017 年 6 月，CGI 工作年会在维也纳召开（图 7-18）。会议期间，张明华同屈红刚、刘荣梅一道参加了国际地学信息联盟（GIC）年会（图 7-19），向会议介绍了中国地质调查局地质信息化建设成果、面临问题和工作计划。中国地质调查局也因此被 GIC 接受，此后作为会员国地调机构参加活动。GIC 组织是由各国地调机构为主建立的一个联盟，是一个围绕地质调查信息技术应用、借鉴、经验等主旨进行交流合作的联盟机构，当时有以欧美加澳为主的 36 个国家地调机构参与。

图 7-18　CGI 2017 年工作年会会场（2017 年 6 月 3 日）

图 7-19　2017 年在奥地利地质调查局召开的 GIC 年会合影（2017 年 5 月 28 日～6 月 4 日）

　　2018 年的 CGI 工作年会在加拿大地质调查局西部中心（温哥华分部）召开（图 7-20）。其间张明华还参加了 GeoSciML、Geoscience Terminology 和 EarthResourceML 工作组研讨会，并向加拿大地调局温哥华分部图书馆和各国专家赠送了中国地质英文版 *China Geology* 创刊期刊。并在温哥华举办的"为了下一代的资源（RFG）"大会上做了题为《面向下一代地质调查工作的地质云地学数据共享技术》的报告。

　　2019 年 5 月 CGI 工作年会在马德里西班牙地质调查局举行的 GIC 年会期间召开（图 7-21）。其间张明华参加同地举办的 EarthResourceML 工作组研讨会，并在 GIC 会议上做了题为《中国地质调查局地学信息工作进展》的报告。

图 7-20　2018 年 6 月 12 日在加拿大地质调查局温哥华中心召开的 CGI 年会合影

图 7-21　2019 年 5 月 11 日在马德里召开的 CGI 工作年会合影

在 2019 年 CGI 工作年会上，张明华起草并提出了关于 CGI 加入 IUGS 国际大科学计划"深时数字地球"的建议，受到与会多数委员的支持，确定由张明华牵头征求全球 CGI 会员意见，组织技术工作组。

（三）邀请国际地学数据标准组专家来华交流研讨 GeoSciML 标准应用技术

国家地质数据库建设取得了丰富成果，但缺乏国家地质数据库整合应用与社会化服务急需的通用数据模型和交换标准，为此，抓住 CGI-IUGS 研发的国际地学数据标准 GeoSciML 4.0 版发布，以及 2016 年底将成为 OGC 标准的时机，借助 CGI 委员任职的关系和项目支持，发展研究中心及时邀请了 CGI 的 GeoSciML 工作组主席 Oliver Raymond 先生于 2016 年 11 月 8～11 日到中国进行数据标准的专题交流研讨，就当前地球科学标记语言标准（GeosciML）、地球科学术语标准（Geoscience Terminology）、地球资源标记语言标准（EarthResoueceML），与我方业务人员进行了细致交流。IUGS 副主席 Kristine Asch 女士也到会做了《关于欧洲海域地质编图语义融合技术标准和关键问题》的报告。来自中国地质调查局系统、大学、国家测绘地理信息局和企业相关单位的 40 余人参加了研讨（图 7-22）。我国与会代表认为，该研讨会明晰了国家地质数据标准建设，以及地质大数据建设和面向国家和社会的数据交换标准层次化研制的思路与技术，取得了良好的效果。

图 7-22　2016 年 11 月 CGI-IUGS 地学数据标准专家来华进行技术交流研讨的工作照（左上为 Oliver 先生做 CGI 标准技术报告；右上为 Kristine 女士做地质编图语义技术报告；下为技术研讨会议）

（四）参与编撰 CGI 年度工作总结报告，宣传中国先进技术成果

收集和翻译了 CGI 2013 年工作年报，参与编写了 CGI 2014 年工作年报，组织编写了 2015～2021 年 CGI 工作年报（https://cgi-iugs.org[2023-02-28]），并组织翻译了部分年报，向国内相关部门与专家提供了国际地学信息技术前沿领域进展与动态信息。通过编撰 CGI 年度报告，将以中国地质调查局为主的地学信息领域先进技术和国际合作项目成果向世界进行了宣传介绍，提升了中国地质信息领域相关专家在国际的影响力。纳入 CGI 年报的中国地学信息技术成果主要包括数字填图国际应用、地球物理地球化学数据处理技术国际培训、中国地学大数据资源建设及地质云、三维地质模型交换标准、智能编图、岩石矿物 AI 识别，以及中国与 CCOP 和东盟合作项目 Metadata 和 IGDP 及中国主导的 CCOP 地学信息活动等。

（五）牵头组建 DDE 标准工作组，成功获批 DDE 标准研究项目

在 2019 年 5 月 CGI 工作年会上建议 CGI 牵头组织 IUGS 第一个国际大科学计划 DDE 的标准工作组的基础上，张明华通过邮件细致地介绍了 DDE 大科学计划改变地学研究范式、揭示地球物质演化、生命演化、地理演化和气候演化（Evolution of Materials、Evolution of Life、Evolution of Geography、Evolution of Climate，4E）的重大使命、愿景、目标、经费筹集计划与进度规划等，特别对 DDE 标准组的使命任务、工作目标、组织机制、经费计划、近期目标和总体规划进行了建议，至 2019 年 8 月共收到全球五大洲 14 名 CGI 科学家会员参加 DDE 标准组的响应，为组建 DDE 标准组奠定了人力基础。随后与 CGI 主席 Francois Robida 商定，在 2019 年 9 月国际数据委员会（CODATA）北

京会议期间，与 IUGS 及 CODATA 官员商议共同组建 DDE 标准组事宜。

CODATA 会议期间，在主持分会场与宣讲技术报告的空余时间，张明华积极联系 CODATA 中国副主席黎建辉研究员和 CODATA 主席 Barend Mons、副主席 Alena Rybkina 等官员商讨组建 DDE 标准组工作，得到 CODATA 组织的大力支持，确定由 Alena Rybkina （来自俄罗斯科学院地球物理中心）兼任 DDE 标准组联合主席，开展相关工作。在时任 IUGS 主席成秋明教授、DDE 秘书处樊隽轩教授等的大力支持下，召开了 DDE 标准任务 组的组建联席会议，自此 DDE 标准任务组成立，由 CGI 主席 Francois 和张明华、Alena 任联合主席开展后续工作（图 7-23）。

图 7-23　2019 年 9 月 DDE 标准任务组成立商讨会（左）与标准组联合主席合影（右）

为迅速推进 DDE 计划标准支撑工作，确立组织机构、工作机制和近期研究任务与 分工，张明华积极协调相关机构和参加标准组的科学家，在 DDE 苏州中心资助下，于 2020 年 1 月在北京成功召开了 DDE 标准任务组第一次面对面工作研讨会（图 7-24）。来 自中国、法国、英国、新西兰、日本、巴西、阿根廷、泰国、文莱、纳米比亚、科特迪 瓦的科学家与 IUGS 主席、中国地质调查局李朋德副局长和 DDE 秘书处领导 32 人参加 会议。会议研讨确定了 DDE 知识体系审阅、DDE 标准任务组职责使命、组织机构、工 作机制、工作计划、经费预算等重要事项，并明确了近期工作目标，起草了工作建议书， 形成和通过了会议纪要。

图 7-24　DDE 标准任务组第一次工作研讨会合影（2020 年 1 月，北京）

DDE 标准任务组随后以 CGI 地学术语工作机制为基础，迅速编制了《DDE 知识体系审阅技术规程》，经过征求各方意见与修改完善，于 2020 年 8 月正式提交给 DDE 学科工作组使用。同年，按照计划启动了 DDE 元数据标准编制工作。

通过线上视频交流的方式，克服了 2020 年 2 月开始的全球新型冠状病毒感染影响，DDE 标准任务组取得了显著务实的工作成效，成为 DDE 计划中少数具有突出进展的工作组，受到 DDE 和 IUGS 的称赞（IUGS DDE 2019～2020 Progress Report，2020）。DDE 标准任务组提交的项目建议书 *Geoscience Data Standards for DDE* 也于 2021 年得到 DDE 科学委员会的批准，于 2022 年开始实施为期三年的 DDE 计划数据标准研究与支撑工作（https://ddeworld.org/science/ongoingprojectst[2023-06-01]）。

2021 年 10 月 26～28 日，在基于 ISO19115-2014（E）和 OneGeology、INSPIRE 元数据标准和 Dublin Core 和 CCOP 元数据标准完成 DDE 元数据标准征求意见稿基础上，DDE 标准组还按计划以视频会议方式举办了具有重要国际影响的 DDE 国际地学数据标准培训（图 7-25）。来自全球 5 大洲 24 个国家的 93 名技术人员注册，152 人次参加了培训和研讨。培训和研讨由张明华主持。DDE 管理委员会 Jennifer McKinley 教授和 DDE 执行委员会 Natarajan Ishwaran 教授参加并高度评价了培训班的质量和对 DDE 发展的重要作用。Harvey Thorleifson（美国）结合 CGI 在地学标准方面的工作做了题为"Introduction to CGI and its main partners on geoscience standards"的报告；Francois ROBIDA 和 Mickael Beaufils（法国）做了题为"Introduction to CGI and OGC standards"的报告；Mark Rattenbury（新西兰）做了题为"Geoscience terminology"的报告，报告详细介绍了地学术语标准；Boyan Brodaric（加拿大）和 Steve Richard（美国）做了题为"Geoscience ontology"的报告，详细讲解了国际地学本体研究进展及趋势；Oliver Raymond（澳大利亚）做了题为"GeoSciML: Geology data model and exchange standard"的报告，详细介绍了 GeoSciML 4.0 数据标准内容及国际贯标应用技术与国际普遍采用的情况；Michael Sexton（澳大利亚）做了题为"EarthResourceML: mineral resource and mining data model and exchange standard"的报告，介绍了矿产和矿业为主体的国际地球资源数据标准及应用技术；张明华和王永志（中国）介绍了"DDE metadata standard（draft）"研究建立工作内容及按照 FAIR 原则开展元数据采集的系统建设情况；James Passmore（英国）和 Tim Duffy 介绍了"Metadata standard and practice"、元数据发展和应用现状，以及对于 FAIR 数据原则的重要支撑作用，James Passmore 还通过实际操作演示了"OneGeology data and standard technology"；Alena Rybkina（俄罗斯）做了题为"CODATA FAIR data principles and GOFAIR practice"的报告；Ma Xiaogang（美国）做了题为"A vision on DDE data science with FAIR data"的报告，详细介绍了当前地球数据科学发展及 DDE 数据技术应用展望。

此次培训的视频在 DDE 网站提供免费下载（www.ddeworld.org/news[2023-02-28]），面向全球科学家共享。

图 7-25　参加 DDE 国际数据标准培训研讨班的部分人员线上合影（2021 年 10 月 26～28 日）

二、国际地学信息技术交流成果

一是参加了国际最高水平的地学信息技术标准工作组研讨会，了解了国际一流水平的地质信息技术状况，接触、认识和熟悉了国际一流的标准技术专家，提出了有关标准的技术意见和建议，提议中国专家加入目前已有的术语、标准工作组和即将成立的三维工作组，受到国际组织和专家欢迎和认可。二是宣传了中国地质调查局地质信息技术成果和国际合作成果，取得了良好效果。三是提高了中国地质调查局的影响力以及中国专家务实工作的影响力。通过持续地牵头开展与 CCOP 的合作项目，积极参与 CGI 委员会工作，将中国地学信息技术工作者的工作和业务能力展示给国际同行，使国际一流专家逐步了解和认可我国的地学信息工作与人才。四是利用国际合作项目和参加国际组织并得到同行广泛认可的基础，牵头组织相应的服务国家的工作。例如，牵头组建 DDE 标准任务，推进 CGI 和 CODATA 支撑我国科学家牵头发起的 IUGS 大科学计划。

另外，通过参与 CCOP 合作项目和参加 CGI 委员会的活动，我们也更加认识到中国地质调查局参加国际一流地质技术工作组的必要性，认识到中国科学家参与国际组织、提高影响力和争取话语权的重要性。通过与国际一流专家的合作，快速提升我们的技术水平、解决我国的实际问题，十分必要。当然，由于语言文化上的差异，以及地缘政治等因素的影响，具体工作自然是很艰辛的，但是，为促进地学信息技术国际化，为促进我国地质信息技术进步和迈向国际先进行列做贡献，也是具有重要价值和意义的。

通过国际交流，得到以下启示与认识：

（1）中国地质调查局应扩大参与国际一流水平的地质信息技术工作组，提升国家地质信息技术水平、及时引进先进技术、解决我国的实际问题。同时，及时宣传我国的先进成果，扩大国际影响，培养人才队伍。

（2）我国国家地质数据库建设取得了海量丰富成果，但缺乏数据库之间的交换标准，国家地质数据的整合应用与社会化服务急需通用数据模型和交换标准，应借鉴国际地学数据标准 GeoSciML，针对我国实际进行修改完善，建立与国际标准相兼容的国家层面上的地质数据通用模型和数据交换标准。

（3）对参加国际组织工作的业务人员，尤其在重要领域做出贡献的科学家，适当地给予出国审批等方面的支持，以便开展更加深入、广泛、高效和有目标的国际技术合作。

第八章　国家地质数据工作展望

前面所述关于国家地质数据库建设的综合研究工作,取得了数据库建设技术管理与海量数据建库及国际合作等多方面成果。一方面,梳理了国家地质数据库技术框架体系,建立了传统填图和数字填图数据整合技术,研究建立了地质调查与矿产勘查不同比例尺专业数据统一管理技术与软件系统,应对资源环境应用新需求提出了国家地质数据库建设机制与数据资源整合技术,研究建立了面向资源环境多领域应用的国家地质本底数据集,调研了国家地质数据处理软件研发状况。这些研究成果的推广应用,促进了国家地质调查数据资源整合应用服务能力,直接支撑了"地质云"分布式国家地质数据资源的整合与高效发布利用。另一方面,基于国际标准和 OneGeology 技术发布了中国 1:100 万地质图数据(英文版),参加和引领 CCOP 区域地学数据处理能力建设合作项目,高质量参加国际地学信息委员会 CGI 并高效推进 IUGS 国际大科学计划标准组工作,有力推进了我国参与国际和地区地学信息技术的合作交流,显著提升了影响力。

对应第一章研究工作之初梳理的国家地质数据库建设存在的主要问题,通过本研究工作,可以得出如下认识。

一、研究解决一批国家地质数据库建设的技术问题

1. 已建数据库系统"孤岛"问题可以解决

研究建立的以成矿带为单元的国家地质矿产资源调查数据库建设技术与地质矿产数据库统一管理系统软件及省级和成矿带应用示范表明,我国地质调查工作建立的 10 大类数据库,可以通过一套软件系统实现统一的管理与数据集成及专业综合应用;不同历史阶段形成的已建数据库系统的"孤岛"问题可得以解决。该项工作为新一代云平台地质数据管理与服务提供了经验和应用集成软件基础。

2. 传统填图与数字填图不同格式数据可以整合应用

通过 25 个实际图幅数据分析研究与示范应用,建立的传统填图与数字填图不同数据源和格式的地质图建库数据综合集成技术与软件,可以解决基于不同标准的传统填图与数字填图数据格式数据库的整合问题,并可建立一套覆盖更加全面、系统库更加完整和灵活的地质图数据库,满足各省和不同机构对以 1:5 万为主的中大比例尺地质图数据库的大量综合应用。

3. 基于云平台开展地质调查数据建库和服务技术体系建设是切实可行的

研究建立了地质调查"工程—项目—课题"成果数据组织管理框架体系和相关技术

要求，提出了适应国家财政新体制和地质调查工作新机制的地质数据库体系框架，建立了基于云平台的地质数据"按项目汇集、按专业整合、按需求服务"的地质调查数据"采集即服务"的技术框架与流程，为数据综合与数据更新提供了先进可行的技术建议。实际上，这些技术在"地质云"建设工作中已经得到应用，并发挥了核心支撑作用（Zhang et al.，2017，2018）。研究提出的新技术架构，从技术上实现了地质调查成果服务周期的压缩和服务时间节点前移，通过地质云平台上的业务运行部署，提升了地质调查成果数据服务时效和工效，解决了国家地质数据库应用效率偏低的问题。

4. 国际数据服务与标准技术合作，明显提升国际地位和地质数据标准化水平

高效完成的对接 OneGeology 门户的中国 1：100 万地质图数据服务发布的工作，得到国际同行高度认可。中国提供的 CCOP-CGS 地学数据处理能力建设技术培训得到CCOP50 周年庆典邀请纳入重要项目历史记录（50th Year Anniversary of CCOP，http://www.ccop.or.th[2023-02-28]），以及项目技术骨干进入国际地科联地学信息委员会并取得话语权等表明，中国地质调查局参与的国际技术交流合作与地质数据信息服务，明显地提升了国际地位。

5. 面向资源环境与社会应用需求，及时转换和升级已有国家地质专业数据库

我国已有的地质数据库数据显示高度依赖于符号库文件，数据更新及应用时需要大量的预处理工作，不利于数据共享利用。通过面向资源环境多领域应用的国家地质本底数据集的研发工作，以及 OneGeologyChina 的建设对国际地学数据交换标准 GeoSciML 的应用，成功建立了面向资源环境等国内不同领域和行业，以及国际数据共享应用的实用技术，为基于地质要素的更广泛国家地质数据应用，以及基于国际标准建立我国地质数据通用模型，转换和升级（改造）为不同层次和规模的地质数据库奠定了技术基础。

二、国家地质数据资源建设仍需加强的工作及建议

上述国家地质数据资源建库技术研究成果的应用，虽然解决了一批以往工作存在的技术问题，但随着国家大数据战略和资源环境治理、生态文明建设与自然资源管理对地质数据资源的需求和技术要求的快速提高，国家地质数据资源建设仍有许多问题需要尽快解决，可简要归纳如下。

1. 基于云平台实现国家地质数据库建设工作重心前移

随着地质工作的推进，以往形成的（存量）和逐年部署新形成的（新增）地质调查成果的应用远滞后于社会和国家需求，尤其是新部署的地质调查成果的应用和发布，目前仍需要在各个项目验收和汇交之后，才提供服务利用。这一情况不能满足国家和社会对地质数据资源及其集成服务的迫切需求。

目前，大批传统地质调查成果数据已经建库，回溯性建库工作基本结束，数据库建设工作的重心要迅速完成转移。调研认为，建库工作的转移有两个方向。其一，向地质调查工作前端移动，也就是实现"采集即服务"——在地质数据采集和获取的同时，包

括年度阶段成果形成的同时，即进行汇集入库和更新已有数据库，同时向政府和社会发布利用。其二，建库工作应向社会和地方政府迫切需要的多专业数据集成管理与综合应用转移，也就是从建库走向应用。例如，矿政"一张图管矿"。显然，需要加强数据交换标准、通用数据模型，以及结合三维地貌和立体调查工作的实景三维数据建模研究工作。社会经济发展对地质地下信息的需求日益加大和紧迫，国家地质数据资源工作应发挥更大更好的作用。

2. 国家地质数据库建设与整合机制体制仍需完善和加强

一方面，国家地质数据汇聚仍存在体制和机制问题。当前，国家地质调查数据资源的积累和集成，不能很好满足社会需求的问题仍然存在。新形势下地质调查工作获取的基础数据资源积累不系统、不全面，数据找不到、不好用的问题仍未得到有效解决。尤其是多元投资主体（地方和行业基金）获得的地质成果数据的保存和管理分散，网络化共享机制不健全，数据汇集和质量控制问题依然没有得到解决。

另一方面，已建国家地质数据库缺乏持续更新机制。国家1：5万、1：25万区域地质图空间数据库建设基本完成，并得益于数字填图技术，实现基于实测填图数据逐年更新，但基于1：5万和1：25万地质图编绘的1：50万、1：100万地质图数据库完成后，已经十几年没有更新了（李仰春等，2021）。1：5万、1：25万区域物化探数据库缺乏持续更新，矿产资源勘查领域除矿产地和大中型矿山以外，投入巨资取得的海量多专业找矿勘查数据资料仍未整理建库（国家地质数据库建设综合研究项目组，2017）。岩石物性数据库、地质实测剖面数据库等诸多国家数据资料急需完成建库应用。

虽然本研究初步建立了基于大数据云平台的地质调查"工程—项目—课题"数据组织与集成技术框架，具备了较好的技术基础，但不等于这项工作就可以顺利实施完成。这项基于云平台的地质调查数据汇聚和管理体系已经部署试运行，随着项目管理机制的调整而出现的问题应得到完善解决，以切实支撑地质调查项目的数据汇聚和建库应用，真正实现国家地质数据库的体系化整合与实时更新（Zhang et al.，2018；王永志等，2018）。尤其是要及早实现面向国家大数据战略和自然资源管理与资源环境优化应用，建立适度集中的分布式、高效能、动态更新的国家地质数据资源体系。

3. 国家地质数据库建设与更新的技术标准仍需加强

目前，国家地质专业数据库标准之间的贯通问题，尤其是数据库字段、语义、属性方面不一致的现象依然存在。但整体上数据库建设标准工作仍然十分薄弱。相当一部分建库标准仍停留在项目级别，尚未上升到行业标准；部分建库标准成为中国地质调查局标准，尚未得到行业认可与应用。这两类标准都应尽快完善升级，上升为行业标准和国家标准。

随着地质调查工作领域的拓展，新的综合性地质调查成果数据库建设缺乏标准。地质数据的服务面的拓展与政府和社会需求的持续增大，以及不同专业数据集成与综合应用的需求，尤其面向国家大数据层次的数据交换服务等，都需要尽快制订统一的国家地质数据交换标准，尽快建立地质数据通用模型。这项工作十分重要，需求迫切，亟待开展。

4. 持续加强地质专业和信息技术复合型人才队伍建设

随着地质调查成果服务于"山水林田湖草沙"等更加广阔的自然资源领域，以及面向深海、深地工作的逐步深入，国家地质数据资源建设与应用服务的任务也随之扩大。而近年来，经济下行和国际地勘形势的不稳定，直接引起地质调查工作经费的紧缩，加之一批数据库建设信息技术人员退休和转岗，使得本来就比较缺乏复合型人才的国家地质数据资源建设和应用领域更加缺乏既懂地质专业、又懂信息技术的复合型人才，存在明显人力资源断层。为此，除了研究建立多专业人力资源融合工作机制以外，需要加强地质专业与信息化相结合的业务项目部署，引导地质专业人员更新信息技术知识，创造性开展国家地质数据资源建设和应用服务，及早实现国家地质调查工作面向信息化技术条件的转型升级，进而利用信息技术和数据技术手段，挖掘我国海量的地质专业数据的巨大潜在价值，更好地服务于政府决策和社会经济发展。

参 考 文 献

国家地质数据库建设综合研究项目组, 2017. 国家地质调查数据库建设技术标准汇编(第一集). 北京: 地质出版社.

李超岭, 于庆文, 杨东来, 等, 2003. PRB 数字地质填图技术研究. 地球科学——中国地质大学学报, 28(4): 377-383.

李超岭, 于庆文, 张克信, 等, 2018. 数字区域地质调查基本理论与技术方法. 北京: 地质出版社.

李仰春, 王永志, 黄辉, 等, 2021. 智能地质编图技术研究与实践. 北京: 地质出版社.

刘玲, 张明华, 王平, 等, 2018. 复杂盆地地球物理-地质结构模型的构建——重磁电震综合解释在楚雄盆地勘探中的应用. 地球物理学报, 61(12): 4921-4933.

刘荣梅, 吴轩, 向运川, 等, 2012. 中国多目标区域地球化学调查数据库建设及应用展望. 现代地质, 26(5): 989-995.

刘荣梅, 严光生, 夏庆霖, 2013. 从第 34 届国际地质大会看地学信息技术发展趋势. 地质通报, 32(4): 685-692.

刘荣梅, 缪谨励, 赵林林, 2015. 欧盟空间信息基础设施建设(INSPIRE): 兼议对中国地学信息化的启示. 地质通报, 34(8): 1562-1569.

刘荣梅, 张明华, 王永志, 等, 2021. 国际地学信息委员会地学数据标准分析与案例实践. 高校地质学报, 27(1): 18-31.

屈念念, 张明华, 黄金明, 等, 2018. 南祁连盆地重力异常特征及其地质意义. 地球物理学进展, 33(3): 1123-1131.

王永志, 包晓栋, 缪谨励, 等, 2018. 基于大数据的地质云监控平台建设与应用. 地球物理学进展, 33(2): 850-859.

熊盛青, 杨海, 丁燕云, 等, 2018. 中国航磁大地构造单元划分. 中国地质, 45(4): 658-680.

严光生, 薛群威, 肖克炎, 等, 2015. 地质调查大数据研究的主要问题分析. 地质通报, 34(7): 1273-1279.

中国地质调查局发展研究中心, 2016. 国家地质数据库建设综合研究项目成果报告(内部).

中国地质调查局发展研究中心, 2019. 资源环境地质调查数据集成与综合分析项目成果报告(内部).

张明华, 黄金明, 乔计花, 等, 2011. 重磁电数据处理解释软件 RGIS. 北京: 地质出版社.

张明华, 乔计花, 田黔宁, 等, 2013. 大兴安岭东南部油气资源勘查区重磁异常解释. 地质通报, 32(8): 1177-1184.

张明华, 贺颢, 王成锡, 等, 2015a. 青藏高原区域重力调查成果综合研究. 北京: 地质出版社.

张明华, 乔计花, 雷受旻, 等, 2015b. 中国海陆及邻域布格重力异常编图研究. 地球物理学进展, 30(3): 1085-1091.

张明华, 乔计花, 刘宽厚, 等, 2017. 重力数据在全国矿产资源潜力评价中应用研究. 北京: 地质出版社.

张明华, 乔计花, 赵更新, 等, 2018. 全国油气资源重力调查成果图集. 北京: 地质出版社.

British Geological Survey, 2022. OneGeology. https://www.onegeology.org.[2020-12-10].

CCOP Technical Secretariat, 2013. CCOP Annual Report. https://ccop.asia/img/about/1_2/rpt/AR2013s.pdf. [2022-05-10].

CCOP Technical Secretariat, 2014. CCOP Annual Report. https://ccop.asia/img/about/1_2/rpt/AR2014.pdf. [2022-05-10].

CCOP Technical Secretariat, 2015. CCOP Annual Report. https://ncloud.dotdream.co.th/index.php/s/3xHpG6 yYs8zHjmk.[2022-05-10].

CCOP Technical Secretariat,2016. CCOP Annual Report. https://ncloud.dotdream.co.th/index.php/s/6tXoDsfJ 96HMjNq.[2022-05-10].

CCOP Technical Secretariat,2017. CCOP Annual Report. https://ncloud.dotdream.co.th/index.php/s/HiaYCwZ dSXodQ5e.[2022-05-10].

CCOP Technical Secretariat,2018. CCOP Annual Report. https://ncloud.dotdream.co.th/index.php/s/3ontPNs2 KNAtPNg.[2022-05-10].

CCOP Technical Secretariat,2019. CCOP Annual Report. https://ncloud.dotdream.co.th/index.php/s/8MeWqJp HrWkKGF9.[2022-05-10].

EarthResourceML Working Group, 2020. EarthResourceML2.0. Retrieved. http://earthresourceml.org.[2020-05-10].

Feng Z H, Wang C Z, Zhang M H, et al., 2012. Unusually dumbbell-shaped Guposhan-Huashan twin granite plutons in Nanling Range of south China: discussion on their incremental emplacement and growth mechanism. Journal of Asian Earth Sciences, 48(2): 9-23.

Geoscience Terminology Working Group, 2020. Geoscience Vocabularies for Linked Data. http://geosciml. org/resource.[2020-05-10].

GeoSciML Modelling Team, 2020. OGC Geoscience Markup Language 4.1. http://www.opengis.net/doc/geosciml/ 4.1.[2020-05-10].

Komac M, 2015. IGCP 624-OneGeology project report. Episode, 38(3): 221-222.

OneGeology, 2016. How to serve a Onegeology level 1 conformant Web Map Service (WMS)-Cookbook1. https://www.onegeology.org/wmscookbook.[2016-10-01].

Simons B A, Oliver R, Jackson I, et al., 2012. OneGeology-improving global access to geoscience. Digital Soil Assessments and Beyond, S1: 265-269.

USGIN, 2020. How USGIN works. http://usgin.org/page/how-usgin-works.[2020-12-10].

Zhang M H, Xu D S, Chen J W, 2007. Geological structure of the Yellow Sea from regional gravity and magnetic interpretation. Applied Geophysics, 4(2): 75-83.

Zhang M H, Sieng S, Calvin K K, et al. , 2009. CCOP Geoinformation Metadata Standard. Beijing: Geological Publishing House.

Zhang M H, He H, Wang C X, 2011. The launch of a large regional gravity information system in China. Applied Geophysics, 8(2): 170-175.

Zhang M H, Liu R M, Miao J L, et al. , 2017. China geosciences databases release with GeoCloud for the society. Proceedings of the Thematic Session of 53th CCOP Annual Session.

Zhang M H, Liu R M, Ren W, et al. , 2018. Data collection with cloud technology at China Geological Survey. Proceedings of the thematic session of 54th CCOP Annual Session.

Zhang M H, François R, Oliver R, 2019. Introduction to international geoscience data sharing standards. Proceedings of the Thematic Session of 55th CCOP Annual Session.